未来志向の
動物病院経営学

―時流適応マーケティングとマネジメント―

藤原慎一郎 著
サスティナコンサルティング

緑書房

まえがき

　2001年から開始した動物病院に対するコンサルテーションも、早いもので15年が経過しようとしています。思い起こせば、当初は様々な壁にぶつかりました。業界の特性を理解していない提案は、獣医師の先生にとって受け入れがたい部分が多く、結果につながらない時期もありました。そのような状況ですから、ときには叱責を受けることもありましたが、それ以上に多くの先生方から様々なことを教えていただくことができました。動物病院業界と経営学の融合を求めて努力を重ね、成長することができたのも、熱意にあふれる先生方とのかかわりがあってこそと感謝しています。

　この15年間、動物病院業界にも様々な変化がありました。当時はペットブームの影響で犬を飼いはじめる人が多く、「誕生から死まで動物たちを守る」というコンセプトの動物病院も多々ありました。しかし、近年はリーマンショックや東日本大震災、消費税増税などの社会の変化に加え、動物の高齢化が進んだことで、飼育頭数はよりいっそう減少しています。

　この変化は「製品ライフサイクル理論」で説明することができます。動物病院業界のライフサイクルは「導入期」「成長期」「成熟期」「衰退期」の4段階に分けられ、需要と供給がイコールとなる点を「転換点」と呼びます（下図）。15年前、動物病院業界はほぼ転換点にあったと感じます。少しずつ動物病院数が増加し、飼い主さんの数と病院数の均衡がうまく取れていたのでしょう。それ以前は、飼い主さんの数の方が適正病院数より多かったため、「何もしなくても売上は上がる」という状況でした。現在は「衰退期」、ライフサイクルの末期に入ったと感じています。これはどのような業界にも生じる現象であり、日本に古くからある産業のほとんどが衰退期にあるといわれています。しかし、打つ手がないわけではありません。

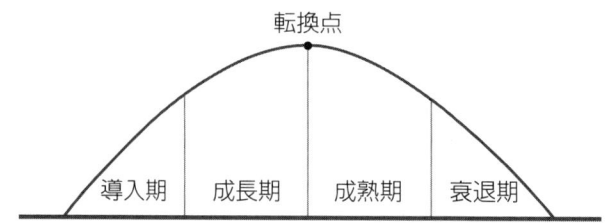

アパレル業界も衰退期に入っている業種の1つですが、「ユニクロ」のように輝きつづける会社もあります。その理由は「新しいライフサイクル」を作りつづけていることにあります。ユニクロはかつて「フリース」で一世を風靡しましたが、それで安心することなく「ヒートテック」などの新商品を開発し、新しいライフサイクルを作りました。そしてさらに、スタイリッシュな商品を開発することで若年層の購買者を増やし、海外進出を果たすなどの新たなライフサイクルとその導入期を作り、商品・経営戦略を付加しています。

　動物病院においてもこのような視点をもつことで、業界が衰退期に入っても成長しつづけることが可能です。どのような業界にも変化は起こりますが、その中で「何をするか」が永続性を高める上で重要であると認識していただければ、成長への糸口はみえてきます。

　本書は、ライフサイクルが衰退期の末期へと急速に向かうであろう「5年後」の対応を焦点にしています。少しでも多くの動物病院が成長の糸口をみつけて活性化することにより、業界全体も活力をもちつづけられると考えています。本書でその活性化のお手伝いができればこれ以上の喜びはありません。

　本書の姉妹本である『動物病院経営実践マニュアル』(緑書房／チクサン出版社)では「原理・原則」を、『動物病院チームマネジメント術』(同)では「人財」を、そして本書では「時流」をテーマに執筆しました。3冊を通読していただければ、「動物病院経営」を総合的に、より深く理解していただけるでしょう。

　困難な状況ではありますが、変化をおそれずに前向きに経営に取組んでいただきたいと思います。変化することで新しい展開が生まれます。現状を維持するだけでなく、前向きに活動することこそが最良の方法だと信じています。

　最後になりましたが、本書の出版にあたり株式会社緑書房の皆様に大変お世話になりました。心より謝意を表します。

2015年9月

著　者

目　次

まえがき ……………………………………………………………………… 2

PART 1　時流適応 …………………………………………… 7

第1章　時流適応とは何か ………………………………… 8
　　1. 時流とは ……………………………………………… 8
　　2. 「迎合」ではなく「適応」 …………………………… 9

第2章　時流の把握 ………………………………………… 10
　　1. 経済・社会動向 ……………………………………… 10
　　2. 業界動向 ……………………………………………… 13

第3章　時流適応のためのマインド ……………………… 22
　　1. 素直な視点 …………………………………………… 22
　　2. 心理ブロック ………………………………………… 23
　　3. 成功否定ができるか ………………………………… 27

PART 2　マーケティング ……………………………………… 33

第4章　表現のコツ ………………………………………… 34
　　1. コンテンツ（内容） …………………………………… 34
　　2. 情報発信頻度 ………………………………………… 34
　　3. 情報表現力 …………………………………………… 35
　　4. 共通価値の創造 ……………………………………… 37

第5章　集患のための方策 ………………………………… 40
　　1. シニア層の集患 ……………………………………… 40
　　2. セミナー対象者の再考 ……………………………… 40
　　3. 口コミ・紹介 ………………………………………… 42
　　4. ホームページ対策 …………………………………… 43

第6章　リピートのための方策 …………………………… 50
　　1. 初診の飼い主さんの定着 …………………………… 50
　　2. かかりつけ医としての定着 ………………………… 52
　　3. リピート率向上策 …………………………………… 52

		4. 幼齢期の患者に向けたDM	55
		5. DMの外注	55

第7章	サービス力アップ	58
	1. ホスピタリティの表現	58
	2. セミナーや相談会のあり方	60
	3. 利便性対策	60
	4. 猫対策	62

第8章	単価アップの考え方	70
	1. 価格の値上げ	70
	2. メニュー化	70
	3. 提案力を高めるツールの活用	71
	4. 企画によるアピール	71
	5. 取扱商品の提案方法	75
	6. 差別化で訴求力を高める	76

PART 3　マネジメント　83

第9章	採用における対策	84
	1. リクルート募集の方法	85
	2. 面接内容	86
	3. 経験者採用について	87
	4. 雇用条件について	89

第10章	スタッフの教育	91
	1. 内定者教育	91
	2. 入社後の教育チェックリストと日報の活用	91
	3. 1日の業務整理	93
	4. 業務を遂行させるための教育	95
	5. 社会人として成長させるための教育	96
	6. スタッフとのコミュニケーション	98
	7. リーダーを育てるために	99
	8. チーム作りのコツ	101

第11章 認められることと評価 …………………………… 106
 1．周りに認められるという意識 ………………………… 106
 2．経営における評価システム …………………………… 107

第12章 効率化と質の向上 ………………………………… 112
 1．現状把握の重要性 ……………………………………… 112
 2．ルールによる意識統一 ………………………………… 115
 3．平準化対策 ……………………………………………… 117
 4．電子化のススメ ………………………………………… 119
 5．共通化と蓄積 …………………………………………… 120
 6．コミュニケーション対策 ……………………………… 121

PART 4　未来志向の対策 ………………………………… 129

第13章 個から社会へ ……………………………………… 130
 1．利益ベース経営とキャッシュフロー経営 …………… 130
 2．「和力」の推進 ………………………………………… 132
 3．社会性、倫理性からの経営志向 ……………………… 135

第14章 未来への視座 ……………………………………… 138
 1．グローバルな視点 ……………………………………… 138
 2．近未来予測のススメ …………………………………… 138

付　録　　動物病院×経営用語20選 ……………………………… 141

PART 1
時流適応

PART 1　時流適応

第1章

時流適応とは何か

1. 時流とは

　様々な業界において、時流といわれる「時」と「流れ」には大きな影響力があります。これは時流という要因が、あらがうことができない大きな力であるためです。「時」という言葉は、一定の時点を指すものでしかなく、断片的に時間を区切ることで「時」という概念になります。そしてその後に「流れ」という言葉が付加されることで、様々な要素が動きだし、「時」とは全く違う概念になります。「時」がストックなら、「流れ」がつながる「時流」は時のフローとなり、一定時点の"少し過去"と"少し未来"をつなぐ潮流になります。つまり、1つの事実に「原因」と「未来予測」という2つの視点が加わるわけです。「この事実が起こった要因は何なのか？」と原因を分析することにより、現在起こっている事象に起因する真実を導きだし、その結果起こる事象を客観的にとらえながら、近未来に起こり得る事象を予測します。この一連の流れが「時流を読む」ということなのです。

　原因→結果→未来予測というサイクルが非常に重要といえるわけですが、これを意識せず、目の前の事象に右往左往し、その結果の対処に追われている動物病院の院長は多いように感じます。「結果対処」の経営が癖づけられ、それに疑問を抱かず経営活動をされてきた院長の多くは、「順環境」という需要より供給が少ない、つまり動物病院業界でいうとペットの数よりも動物病院の数が少ない環境下での経営に慣れていた方なのです。「目の前の症例に一生懸命に向きあうだけで経営は成り立つものである」という体験が強い院長は、過去の一定時点の「時」が拠り所になり、変化することを意識できない傾向にあります。

　しかし、この10年間で緩やかながら需要と供給が逆転し、世界的な経済危機、東日本大震災という天変地異などが起こり、様々な変化が生じています。先ほどの「流れ」は着実に起こっているのです。川の水が流れると水面はあまり変化がないようにみえても川底の砂などは下流に流され、水面下の環境は全く変わってしまいます。通常でも川底は変化しますが、嵐のような激しい環境下で水流が激しくなれば、川底は一気に変化してしまうでしょう。同じような変化が、時間の中でも起こっていることに早く気がつくべきだと感じています。

　この「時」の「流れ」が起こり、大きな環境変化が発生し、今後も継続して発生しつづける

という意識が重要です。このような「時流」を、まずは素直に受け入れることができるかが、今後の変化の激しい経済環境では重要になるでしょう。ただ、中には「このような時流はあるのだな。でも、うちの病院は特別だから関係ないだろう」と思ってしまう方もいらっしゃるかもしれません。しかし、この「時流」は、例外なく全ての機関や企業に影響を及ぼします。100年企業は世界中で日本に最も多いといわれています。私の周りには、代々つづく地方の和菓子店の後継者という友人もいますが、そのような100年企業において、頑なに何も変えずにつづいているというケースはほとんどありません。時代の変化にあわせて新商品をだしたり、味やパッケージなどに変化を加えたり、試行錯誤をしながら永続性を保っているのです。

2.「迎合」ではなく「適応」

　時流という大きな流れは、過去の歴史からみても分かるように、人類があらがうだけでは解決しないものです。様々な要因が重なり変化するものに対して、1つの要因の抵抗だけではインパクトを与えることはできないのです。恐竜が絶滅し、戦国時代が終わったことは、時流の力が非常に大きなものであることを物語っています。

　その時流に「適応」することが、今後のスタンスにおいて非常に重要かつ効果的になっていきます。しかし、間違っていただきたくないのは、「迎合」するだけではいけないということです。これは、自分たちをしっかりと把握し、自分たちの良さをまず時流にあわせていく、そして短所を是正していく「適応」というスタンスをもってほしいという意味です。「迎合」とは、自分たちの良さなどを全く意識せず、何となくあわせ、個性をなくしていくようなイメージをもちます。つまり「迎合」は、時流だけを意識するあまり自分たちの差別化要因である「長所」をなくすことにつながりかねません。しかし「適応」は、自分たちの「長所」を冷静にとらえ、その「長所」の表現方法などを「適正に反応」させていくようなイメージをもつと筆者は考えています。

　この「適応」を間違ってとらえている人は、「Aさんがこうだったから」と闇雲に自分たちの個性を無視して行動します。これは変化のはじめの段階としては悪くないでしょう。そのような「迎合」を実践することによって、気づきを得ることができ、再考して「適応」に変化することもあるからです。しかし考えることをせずに、「迎合」のみで終わっているような人は「適応」を意識するべきでしょう。

　このように「時流適応」という概念は、理解することが非常に難しい言葉です。この言葉には、4文字では表せない意味と想いが詰まっています。ただ、ダーウィンの「生き残る種は、最も賢い種でも最も強い種でもない。環境変化に適応する種である」という言葉は、時流適応の意味と想いを表した非常に分かりやすい言葉です。

　永続することを第一の目的、使命と考える院長は、ぜひ「時流適応」という言葉を意識して日々の経営活動に取組んでいただきたいと思います。

PART 1　時流適応

第2章

時流の把握

Point!
1. 2017年の消費税増税時期にあわせて、来院する理由や意識をもってもらう企画作りができるか。
2. 2020年以降は東京オリンピックが開催されるだけでなく、景気減退のマイナス要因が予測される年でもある。
3. ワンドクター型の動物病院は増加傾向、獣医師が2～4人規模の動物病院は減少傾向にある。そして企業病院が増える理由とは。
4. 犬の飼育数減少と高齢化を迎える時代に必要な対策とは。
5. 獣医学生が動物病院に求めるもの、最近の開業志向の傾向は。

1. 経済・社会動向

(1) 人口・世帯動態

　日本人の人口は、2014年に約1億2,643万人となり、2013年に比較して増加傾向にありますが（**表2-1**①）、微増・微減を繰り返しながら推移しています。また、日本人だけでなく外国人居住者の数も増加しており、徐々に外国人の流入が増加しています（**表2-1**②）。政府の対策としても、外国人のビザ発行を再考したり、外国人だけでも会社を創業できるように検討したりと、今後予測される人口減を見据えた対策を考えています。

　また、2014年の世帯数は約5,495万世帯であり、2013年と比較するとこちらも増加しています。世帯数の伸びと人口の伸びを換算して1世帯あたりの人口を算出してみると、2014年は2.3人となり、年々減少していることが分かります（**表2-1**③）。これは、人口の伸び以上に世帯数の伸びが大きいためであり、一言でいえば「単身者世帯や核家族が増加している」と考察できます。晩婚化や高齢化などの影響により、「家族」という形態が形成されにくくなったと推測されます。

(2) 所得

　表2-2は、国民生活基礎調査で提示されている世帯年収の分布です。これは世帯の年収であるため、例えば夫婦共稼ぎであった場合は合算した金額になります。この表から読み取ると、2013年には400万円以下の年収の世帯が全体の45.9％と1番多いゾーンとなっており、このゾーンは年々増加傾向にあります。また、年収800万円以下の世帯が全体の約80％を占めており、世帯年収のボリュームゾーンであるということがみて取れます。また、年収1,500万円以上の世帯は2.8％と年々減少しているため、富裕層はボリュームとして減少していると考えられます。一方、このような状況の中でも物価は上昇しているという事実をふまえなければいけません。

【表 2-1】人口と世帯動態。

①日本人の人口

2012年			2013年			2014年		
男	女	計	男	女	計	男	女	計
61,842,865	64,816,818	126,659,683	61,694,085	64,699,594	126,393,679	61,727,584	64,707,380	126,434,964

②外国人の人口

2013年			2014年		
男	女	計	男	女	計
894,719	1,085,481	1,980,200	910,709	1,092,675	2,003,384

③世帯数

年	2012年	2013年	2014年
世帯数	54,171,475	54,594,744	54,952,108
1世帯あたりの人口	2.34	2.32	2.30

出典：総務省「住民基本台帳に基づく人口、人口動態及び世帯数」

【表 2-2】世帯年収の分布。

世帯年収(万円)	2010年(%)	2011年(%)	2012年(%)	2013年(%)
～100	5.9	6.5	6.9	6.2
100～200	12.6	13.1	13.0	13.2
200～300	13.5	13.3	12.4	13.3
300～400	13.1	13.6	13.4	13.2
400以下の合計	45.1	46.5	45.7	45.9
400～500	11.1	10.8	11.6	11.0
500～600	9.4	9.1	9.1	9.0
600～700	7.5	7.6	7.0	7.3
700～800	6.1	6.0	6.2	6.5
400～800の合計	34.1	33.5	33.9	33.8
800～900	5.1	4.9	4.8	5.2
900～1,000	3.7	3.5	4.0	3.8
800～1,000の合計	8.8	8.4	8.8	9.0
1,000～1,100	2.9	3.1	2.9	3.0
1,100～1,200	2.1	2.0	2.0	2.0
1,200～1,500	3.7	3.4	3.4	3.5
1,000～1,500の合計	8.7	8.5	8.3	8.5
1,500～2,000	3.3	3.1	2.0	1.8
2,000～	1.2	1.0	1.3	1.0
1,500以上の合計	4.5	4.1	3.3	2.8

出典：厚生労働省「国民生活基礎調査」

【表2-3】2010年および2013年、2014年のGDP。

	2010年	2013年	2014年 1～3月	2014年 4～6月	2014年 7～9月	2014年 10～12月
実質GDP	512,423.8	529,251.9	134,742.0	128,446.2	129,652.1	134,744.8
民間最終消費支出	299,724.0	316,240.7	80,022.5	74,994.6	76,833.5	78,767.6
政府最終消費支出[*1]	97,886.3	102,374.8	26,173.2	25,608.4	24,987.7	25,519.9
民間企業設備	64,876.3	70,317.3	21,435.0	16,348.8	17,764.4	16,796.7
公的固定資本形成[*2]	20,714.5	23,392.2	6,588.1	4,217.2	5,237.3	6,695.3
民間住宅	12,533.7	14,927.8	3,848.7	3,286.3	3,296.8	3,353.8
公的在庫品[*3] 増加	−91.8	8.1	25.6	−0.1	23.9	−6.2
民間在庫品増加	−43.9	−4,001.1	−3,994.9	1,585.5	−478.5	1,055.5
輸出	83612.7	85171.9	22026.6	22029.7	22521.5	23489.3
輸入	66766.0	78015.7	20673.4	19302.7	19937.8	20610.1
開差	−22.0	−1,164.0	−709.3	−321.6	−578.7	−317.3

[*1] 政府最終消費支出＝雇用者報酬＋固定資本減耗（施設の減価償却）＋現物による社会保障給付＋その他
[*2] 公的固定資本形成＝社会資本整備（ダムや道路など）＋設備投資や住宅投資
[*3] 公的在庫品＝原油備蓄や国有林等の原材料、資材

出典：内閣府「GDP統計、四半期別GDP速報」(2014年9月発表、一部12月までの速報追加。サスティナコンサルティング改変)

(3)消費動向

①消費税

2014年4月に消費税が8％に増税され、その後反動により消費が冷え込みました。2015年10月にはさらなる増税で10％への引き上げが計画されていましたが、これは2017年4月に先送りされることになりました。

GDP（国内総生産）は消費動向や景気動向の基軸としてよく報道されますが、実はこのGDPには政府の公共投資も影響しています。**表2-3**には、2014年のGDPを4半期で区切った数字が示されています。1～3月のGDPが良かったことを4月に実施する増税の根拠にしていましたが、実は比例して公的固定資本形成（公共投資）が増額されています。また、10～12月のGDPも良くでていますが、同様に増額されていることが分かります。

このように、数字データを読み取っていくことが、冷静な判断のために必要だということがお分かりいただけるでしょう。ただ、10％への消費税増税が2017年4月に見送られたことは、動物病院にとって良かったように感じます。なぜなら、狂犬病やフィラリアの予防接種などの理由で飼い主さんの来院への意識が高い時期に増税があると、売上増加が見込めるからです。実際、2014年4月の増税に絡むフィラリア予防企画の反響は良かったと感じます。これから迎える2017年の消費税増税においても、ぜひ意識していきたいところです。

②エシカル消費

エシカル消費とは、環境や社会活動に取組むことを意識した消費活動を意味します。最近の消費活動は「もの」を買うだけでなく、企業の姿勢や社会性などを加味しバックボーンも含めて購入していく、という消費動向になりつつあります。例えば、つぶしやすく軽量化されたペットボトルを採用した水「い・ろ・は・す」（日本コカ・コーラ）は、環境問題・ごみ問題に貢献できるという意味から販売数は伸びてお

り、また、1足の靴が購入されると、1足を発展途上国に寄付するというスタンスを明確にしている「TOMS」という企業も業績は好調です。

大量生産・大量消費の時代を経験している方にとってはイメージが湧きにくいかもしれませんが、時代は世界的にこのような消費活動に向かっているのです。

(4) 2020年問題

2020年には東京オリンピックが開催されます。誘致活動の成功をテレビでご覧になった方も多数いらっしゃるでしょう。オリンピックの東京開催は非常に良いことだと思いますが、実はオリンピックが終わった後の景気減退を予測し、最近では2020年問題という言葉がでてきています。今はオリンピックに向かって様々な準備・工事などが行われ、仕事が増加しています。さらに、土地の価格は上昇し、一部ではちょっとしたバブルになっていると聞きます。しかし、そのような流れが2020年には終わってしまうのです。

また、この頃から地方都市を含め人口が減少に転じると予測されています。これまでは微増であった人口が、減少の一途をたどるという人口動態の予測が発表されています。人口が減ると国の競争力が減少することは目にみえています。そして、人口構成においても65歳以上の人口比率が今以上に高まっていきます。

さらに、第二次ベビーブームに生まれた人口構成比の高い団塊ジュニアが企業の管理職に就く時代になり、企業の人件費率を上昇させ収益化しにくい体質になるとも予測されています。

このように2020年は非常にデリケートな年であり、様々なマイナス要因が予測される年度といえます。「5年後」をどのようにとらえていくかが非常に大切になります。

(5) IT化

パソコンの普及やインターネット環境の整備などによって、IT化は非常に進んでいます。2009年に発行した最初の著書『動物病院経営実践マニュアル』を執筆した時よりも、IT化の普及速度や高度化のスピードは驚くほど速いと感じます。以前は、ホームページを作っている動物病院はあまりありませんでしたが、今やホームページの構築は当たり前になり、患者情報のデータベース化はほとんどの動物病院で実施されています。さらに進んだ動物病院は電子カルテを整備し、その電子カルテの蓄積データを治療や経営に活用しています。

アナログで蓄積されたデータは、検索できないということが短所ですが、デジタル化されたデータなら検索作業は簡単です。そして、集約することが容易になり、時間は非常に短縮されます。また、画像などの取扱いについても精度が高まり、飼い主さんに対する説明も分かりやすく、理解を得られやすい環境になりました。インフォームド・コンセントの能力がITによって高まっているのです。今後もスピーディーにIT化は進んでいくでしょう。動物病院経営においてITを使いこなすことができれば、非常に有効なツールとして役立つでしょう。

2. 業界動向

(1) 動物病院の開業・廃業

表2-4は、当社が毎年の動物病院の開設届と廃止届の数を全国の各県庁等からヒアリングし、まとめたものです。2007年～2011年までの開設届は増加傾向にあり、開業数は伸びていました。しかしながら、昨今では開設届出数は減少し、2013年では昨対比90.6％まで減少しています。このような現象から考えると、動物

PART 1 時流適応

【表 2-4】動物病院の開設届出数と廃止届出数。

	2006年度		2007年度		2008年度		2009年度		2010年度		2011年度		2012年度		2013年度	
	開設	廃止	開設	廃止	開設	廃止	開設	廃止	開設	廃止	開設	廃止	開設	廃止	開設	廃止
総計	769	563	696	578	693	517	838	642	847	676	896	710	842	669	763	477
差引	206		118		176		196		171		186		173		286	

サスティナコンサルティング調べ

【表 2-5】小動物・その他の動物を診療対象としている動物病院施設数（診療施設数）。

2004年	2005年	2006年	2007年	2008年	2009年	2010年	2011年	2012年	2013年	伸び率
9,139	9,365	9,581	9,670	9,873	9,975	10,175	10,359	10,544	10,811	101.80%

出典：農林水産省「飼育動物診療施設の開設届出状況（診療施設数）」

病院数は減少していくように感じますが、施設数は増加しています（**表 2-5**）。それは、廃止届出数が減少しているという理由からです。2013年の廃止届出数の昨対比は71.3％と、廃止届を提出した動物病院数は減少しています。

つまり、開設届出数は減少しているものの、廃止届出数も減少しているため、差引の動物病院数は増加していることになります。もちろん、移転などの場合は開設届と廃止届の両方を提出しますので、開業と廃業の数とは一概にいえないかもしれません。しかし、表 2-5 の動物病院施設数（診療施設数）の 2013 年と 2012 年を比較すると、267 施設増加していることが分かります。この数字は表 2-4 の開設届出数と廃止届出数の差引数 286 とほぼ同数であることから、開設届出数と廃止届出数を開業と廃業の数とみなしても、それほど乖離した数字ではないと考えられます。そのように考えると、2013年は 2006 年以降の 10 年間で最も病院数が増加した年といえます。

また、廃止届出数が減少した理由の１つには、高齢の院長が今後の社会情勢などを考えて廃業を思いとどまることにあるかもしれません。継承問題と連動してきますが、昨今は継承金額に対して継承される側（買う側）が疑問をも

つケースが増加していると感じています。実際に継承金額の妥当性をコンサルテーションしてほしいという依頼も増加しています。動物病院業界での継承金額の水準は、他業界、例えば人医療業界と比較しても高額のようです。そのため継承の話がまとまらず、高齢の院長が診療を継続するというケースも増加しているように感じます。

表 2-6 は、規模別の動物病院施設数をまとめたものです。この表の獣医師「1人」を使用という欄は、いわゆるワンドクター型の動物病院であり、院長1人で診察している病院のイメージです。そして、下段ほど勤務獣医師が増加していく構成です。表 2-7 は、この規模別の数を 2013 年と 2012 年で比較したものになります。表 2-7 から分かることは、ワンドクター型の動物病院は顕著に増加しており、獣医師が２人、3人、4人規模の動物病院は減少しているということです。推測すると、売上減少などによって院長が身軽になり1人で診療する病院に変化しているケースも考えられます。もちろん単純にドクターが辞めて、その後募集しても採用できていない状況もあるでしょう。

このように開業だけでなく、規模縮小によってワンドクター型の動物病院はさらに増加して

【表2-6】規模別にみた動物病院施設数。

獣医師の使用人数	2005年	2006年	2007年	2008年	2009年	2010年	2011年	2012年	2013年
1人	6,792	6,911	6,810	6,893	6,917	6,992	7,127	7,080	7,339
2人	1,744	1,770	1,869	1,927	1,958	2,023	2,038	2,176	2,172
3人	438	460	501	522	535	543	562	591	589
4人	204	237	258	260	260	299	299	312	298
5人	123	124	130	145	160	164	165	179	203
6人	49	66	80	80	87	86	97	110	112
7人	27	36	44	44	51	53	55	58	63
8人	20	26	24	29	24	31	37	38	47
9人	21	24	30	29	33	34	33	40	42
10人以上	64	75	90	98	109	125	138	157	167
総数	9,482	9,729	9,836	10,027	10,134	10,350	10,551	10,741	11,032

出典：農林水産省「飼育動物診療施設の開設届出状況（診療施設数）」

【表2-7】規模別にみた動物病院施設数の2013年前年比。

獣医師の使用人数	伸び数	伸び率(%)
1人	259	103.7
2人	－4	99.8
3人	－2	99.7
4人	－14	95.5
5人	24	113.4
6人	2	101.8
7人	5	108.6
8人	9	123.7
9人	2	105.0
10人以上	10	106.4
総数	201	102.7

出典：農林水産省「飼育動物診療施設の開設届出状況（診療施設数）」

いく傾向にあります。この傾向はしばらくつづくのではないかと感じています。

(2) 企業病院

昨今、企業病院が増加しています。獣医師の方から「なぜ、動物病院なんかを買取り、経営するんだ？」と疑問を投げかけられることが多々あります。しかしながら、小売業などを営んでいる企業からすれば、参入できるなら、そこにビジネスチャンスがあると考えても不思議ではないのです。小売業の商品などは、原材料費、流通費など変動原価が大きく、商品価格から原材料費を引いた粗利益は10％程度の商品も数多くあります。そのような商品を大量に販売し、その上で人件費などの固定費を支払うというビジネスモデルなのです。しかしながら動物病院は、売上の約15〜25％程度が変動費になります。つまり、売上から変動費である原価を引いた粗利益が75〜85％も確保できる業種です。このような業種は、実は非常に少ないのです。

流通業界などのように、ライフサイクル上で衰退期に入り経営努力してきた業界からすると、経営力としては見劣りするように感じ、付け入るすきがあると考えるのは当然かもしれません。大手企業はもちろん、中小企業が経営する動物病院も多数でてきています。飲食業界が経営する動物病院なども耳にするようになりました。

一方で、様々な仕組みが整った企業病院で働く方が安全で安心だと感じる獣医師も増加して

【表2-8】推計飼育数（千頭）。

	1999年	2000年	2001年	2002年	2003年	2004年	2005年	2006年
犬	9,567	10,054	9,867	9,523	11,137	12,457	13,068	12,089
猫	6,331	6,538	6,600	6,203	6,963	10,369	10,085	9,596

	2007年	2008年	2009年	2010年	2011年	2012年	2013年	2014年
犬	12,522	13,101	12,322	11,861	11,936	11,534	10,872	10,346
猫	10,189	10,890	10,021	9,612	9,606	9,748	9,743	9,959

出典：ペットフード協会資料

いるようです。獣医系大学での就職説明会では、多くの学生が企業病院に列を作るという現象を聞くこともあります。

以前は企業病院を敵対視する院長も多かったようですが、企業病院から学べる部分もあると思います。そして企業病院にはない良さを意識しながら、自分たちの動物病院作りをしていくことが必要なのかもしれません。

(3)犬の飼育数と高齢化

ペットフード協会資料より、現在の犬および猫の飼育数をみていくと（**表2-8**）、やはり犬の飼育数は減少傾向にあります。2014年の最新データでも1034万6千頭と昨年より50万頭程度減少していることが分かります。猫の飼育数は30万頭ほど増加していますが、犬の減少に追いつくほどの増加数ではありません。好景気から犬の飼育数は増加しはじめましたが、2008年の世界同時不況のリーマンショック以降は減少の一途をたどっています。

また、別のデータもととしてジャパンケネルクラブ（JKC）の犬籍登録頭数をみていくと、2003年に登録された犬が最も多く、575,792頭です（**表2-9**）。この年から年々減少をつづけ、直近の2014年のデータでは306,438頭であり、2003年と比較すると53.2％と半減しています。このデータからも、犬の頭数はどんどん減少している状況にあることが分かります。

このように犬の飼育数全体が減少している状況において、増加しているゾーンがあります。それは高齢犬です。高齢の年齢は7歳以上という定義で示されていますが、2011年に7歳以上の犬は半数を上回り、さらに2014年では7歳以上の犬は構成比で53.4％に達しています（**表2-10**）。以前、クライアントにご協力いただき、7歳以上の犬が来院した時に年齢を調査したところ、7～12歳が78.8％を占めていました（サンプル数711）。余談ですが、7～12歳の高齢犬の飼い主さんは、目視で50歳代前後と見受けられる人が69.1％と、約70％構成されていました。

高齢犬の場合、定期的な予防接種や健康診断などによる来院は12歳までが多く、それ以上の年齢になると来院は減少してくるでしょう。そのように考えると、7～12歳が病院に来院する動機づけの高い高齢ゾーンといえます。

前述の表2-9の統計データにおいて、最も犬の登録頭数が多かった年は2003年でした。また、2008年のリーマンショック以降は、子犬の販売頭数は減少していると考えられています。したがって、2009年から犬の飼育数は加速度的に減少していくと考えられます。

この事実から2015年は、2003年に登録された犬が12歳ゾーンに入り、2009年登録の犬が

【表 2-9】犬籍登録頭数。

1999年	2000年	2001年	2002年	2003年	2004年	2005年	2006年
424,061	447,978	475,603	523,530	575,792	561,713	554,141	533,941

2007年	2008年	2009年	2010年	2011年	2012年	2013年	2014年
491,429	465,540	439,238	392,958	366,065	351,114	326,009	306,438

出典：JKC公開データ「犬種別犬籍登録頭数」

【表 2-10】犬と猫の年齢構成比（％）。

〈犬〉	0～6歳	7歳以上	分からない
2010年	51.1	47.9	1.0
2011年	47.1	51.3	1.5
2012年	47.7	50.3	1.9
2013年	46.5	52.0	1.5
2014年	43.5	53.4	3.2

〈猫〉	0～6歳	7歳以上	分からない
2010年	52.5	42.0	5.5
2011年	53.6	39.7	6.7
2012年	51.8	41.6	6.5
2013年	50.2	46.2	3.8
2014年	54.0	41.9	4.3

出典：ペットフード協会資料

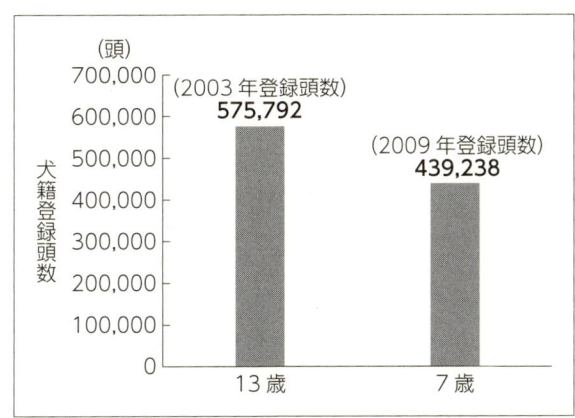

【図 2-1】年齢別比較（2016年時）。
出典：JKC公開データ「犬種別犬籍登録頭数」

6歳ゾーンに入っています。実際に、この高齢ゾーンに対応した結果、単価が高くなり好調を維持している動物病院も多いようです。しかし2016年は、最も飼育数が多かった2003年登録の犬は病院に来院する動機づけの高い高齢ゾーン対象外の13歳となり、また加速度的に飼育数が少なくなる2009年登録の犬は7歳の高齢ゾーンに入ってくるのです（**図2-1**）。

(4) 人材の変化
①獣医師

最近の獣医学生の就職先は多様化しています。今までは小動物臨床に就職するケースが大半でしたが、ここ数年は公務員や産業動物分野への就職者が増加している傾向にあります（**図2-2**）。

獣医師の男女構成においては、女性の比率が小動物臨床（犬・猫対象）の32％を占めており（**図2-3**）、獣医学生においては女性比率がますます増加する傾向です。

PART 1　時流適応

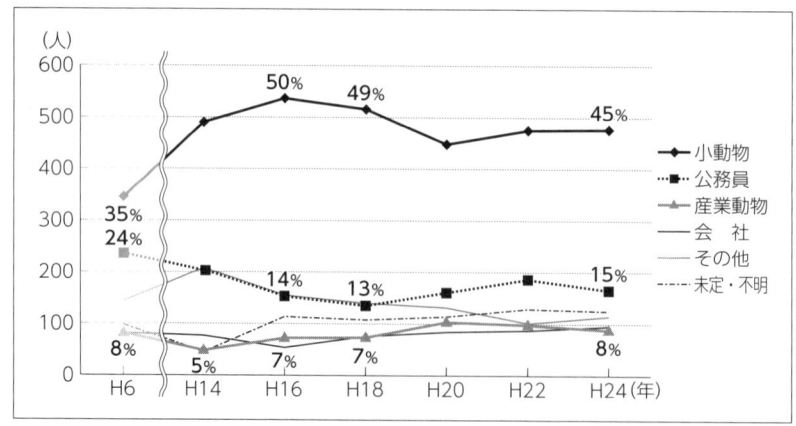

【図 2-2】獣医系大学卒業者の就職状況の推移。
出典：農林水産省「獣医師をめぐる情勢（平成 26 年 4 月）」

　獣医学生が就職先である動物病院に求めるものは、男女で差が生じているようです。**表 2-11** は、獣医学生の男女別にアンケート調査を実施した際のデータです。男性は、「やりがい」や「2〜3 年で一通りの診察ができるようになる」ことを求めていますが、女性は、「やりがい」の次には「そこで働く人たち」を注視する傾向があります。

　表 2-12 は、開業志向があるかという質問に対する回答ですが、これについても減少傾向で、以前のように開業するための修行というような勤務イメージは薄れてきているようです。開業志向が減少しているということは、すなわち一生勤務していくという考えも現実的になっているということであり、病院側の姿勢によっては継続して勤務する可能性が高まっていると考えられます。

②動物看護師・トリマー

　当社では、動物看護師やトリマーの養成学校に伺い、就職担当の方と話をする機会を定期的に設けています。専門学校側の指導内容や担当者の話には**表 2-13** に挙げたような内容があり、やはり女性の学生が多いということもあ

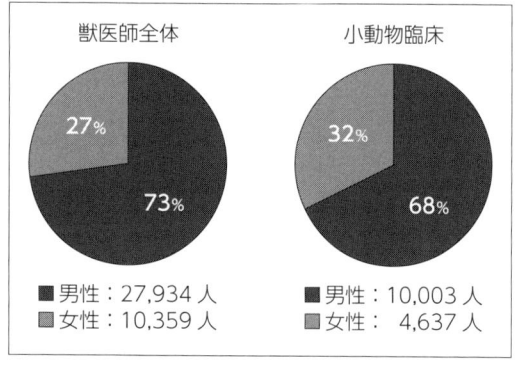

【図 2-3】獣医師の男女構成比。
出典：農林水産省「平成 24 年獣医師の届出状況」

り、女性の獣医学生と同じようなものを求める傾向があるようです。ただし、動物看護師を目指す学生の入学者数は減少しているとのことで、さらに就職においても動物病院を就職先に選ばない傾向が増加しているようです。つまり、動物看護師を採用することは非常に難しくなってくるかもしれません。また、大学での動物看護学科の卒業生においては、希望する条件と病院側の条件にミスマッチが起こっており、このことからも今後、動物看護師の採用は徐々に難しくなる可能性があると考えられます。

【表2-11】獣医学生が就職先の動物病院に求めるもの。

男性	総合得点	構成比(%)
やりがい	180	21
2～3年で一通りの診察ができるようになる	180	21
給与	140	16
そこで働く人たち	111	13
休みが取れる	99	11
地域	59	7
勤務時間	51	6
その他	30	3
結婚してもつづけられる	14	2

女性	総合得点	構成比(%)
やりがい	176	23
そこで働く人たち	136	17
2～3年で一通りの診察ができるようになる	118	15
給与	87	11
休みが取れる	84	11
結婚してもつづけられる	71	9
地域	69	9
勤務時間	42	5
その他	3	0

サスティナコンサルティング調べ
サンプル数277名(男性：146名、女性：131名)
協力大学(順不同)：北海道大学、岩手大学、東京大学、東京農工大学、麻布大学、日本大学、日本獣医生命科学大学、岐阜大学、大阪府立大学、鹿児島大学、宮崎大学、北里大学、酪農学園大学

【表2-12】開業志向の有無。

〈男性〉

回答	構成比(%)
はい	80	58
いいえ	59	42

〈女性〉

回答	構成比(%)
はい	29	23
いいえ	96	77

サスティナコンサルティング調べ
サンプル数264名(男性：139名、女性：125名)
協力大学は表2-11と同じ。

【表2-13】動物看護およびトリミング学校の学生の声と、教員の指導内容例。

- 給与等の待遇よりも、どんな人と一緒に働くかを重視する傾向
- 大きな職場よりも、小さくてアットホームな職場を好む傾向
- 複数の就職先候補に足を運んで選ぶように指導している
- 条件面や働き方をよく確認するよう指導している
- 2年制の場合、1年生の冬から見学を開始し、卒業する年の夏には内定をもらっているケースが多い

サスティナコンサルティング調べ(就職担当者への聞き取り調査)
協力学校(順不同)：東京スクール・オブ・ビジネス、ヤマザキ動物専門学校、日本動物専門学校、名古屋動物専門学校、セントラルトリミングアカデミー、名古屋コミュニケーションアート専門学校、名古屋スクール・オブ・ビジネス、リバティーペットケアカレッジ、名古屋動物看護学院、IPCペットカレッジ、大阪コミュニケーションアート専門学校、大阪ペピイ動物看護専門学校、ナンバペット美容学院

経営コラム

都道府県別の開設・廃止届出数

表（P21に掲載）は各都道府県にヒアリングしてまとめた都道府県別、動物病院の開設・廃止届出数です。2013年はここ数年の中で、動物病院数が最も増加した年です。病院数が増加し、犬の飼育数が減少することによって、業界のライフサイクルは衰退期まで進みます。また、近年は他業界からの動物病院参入も増加しており、東京都内の飲食店企業が北海道に動物病院を開業したケースもあります。

時流をフラットな視点で受け入れ、来年からの1年後、5年後の予想から短期・中期的にすべきこと、長期的に見据えた方が良いことがみえてくれば、適応していくことは容易になります。ぜひ、真摯に経営活動を持続して、「永続」を実現していただきたいと思います。

廃業理由の多くは院長の高齢化？！

よく「院長が高齢になったから廃業したのではないか？」という質問をされることがあります。しかし実際に、獣医科、診療所などの名前から推測して、高齢のために廃業したであろうと思われる数を一部で調べてみました。結果、1割に満たない病院が高齢での廃業ではないかという推測になりました。実際、クライアントの動物病院が分院長募集をすると、現在開業している30歳代、40歳代の院長からの応募が多数あると聞きます。

高齢化対策の限界

動物病院に来院するボリュームゾーンであるシニア層に対し、その飼い主さんへの訴求・啓蒙から来院数を高める努力は大きなテーマです。啓蒙をつづけると来院意識は高まり、来院する確率が上昇します。そのように考えると、現在7歳の患者に対し啓蒙をはじめれば、12歳になる5年後は最も来院意識が高い状態になっているとイメージできます。

しかし、2008年のリーマンショック以降は、犬の飼育数は加速度的に減少しています。これはつまり、2009年に登録された犬が7歳になる2016年以降は、高齢ゾーンの対象になる犬の数も減ってくるということを意味します。今の高齢化対策だけでは、やがて厳しい状況になってくることを予想し、今後の対策を考えておく必要があるでしょう。

ストレートな表現

ある書籍によると、高齢者の方に向けたメッセージはストレートな表現の方が伝わりやすいといいます。現在、犬を飼っている世帯主の多くの年代が50歳代以上ということを考えると、DMなどで告知する表現を考える必要があるでしょう。何のために実施するものなのか、何に効くものなのかなど、伝える表現を遠回しにせず伝える工夫が必要かもしれません。

【表】都道府県別、動物病院の開設・廃止届出数。

	2009年度 開設	2009年度 廃止	2010年度 開設	2010年度 廃止	2011年度 開設	2011年度 廃止	2012年度 開設	2012年度 廃止	2013年度 開設	2013年度 廃止
北海道	67	43	80	53	55	31	59	35	42	29
青森県	11	12	4	4	13	11	7	2	1	2
秋田県	4	4	12	10	3	6	11	3	4	3
岩手県	18	16	6	16	16	11	6	11	4	4
宮城県	16	11	15	17	8	9	12	10	15	0
山形県	9	8	11	8	9	11	6	2	4	3
福島県	14	15	9	19	19	17	16	18	8	9
茨城県	26	39	20	23	31	17	14	14	13	7
神奈川県	57	42	61	51	80	62	80	76	55	45
群馬県	15	10	20	27	17	20	13	10	7	4
埼玉県	39	23	40	20	79	45	36	26	45	26
千葉県	41	26	42	22	42	33	51	53	60	30
東京都	113	79	117	84	127	103	122	87	133	85
栃木県	17	15	13	13	14	15	13	9	12	7
長野県	6	8	15	12	15	19	8	10	13	6
山梨県	7	4	5	2	0	1	2	3	4	2
新潟県	4	5	11	7	3	2	14	14	3	3
静岡県	22	19	18	21	24	23	25	19	13	16
愛知県	30	18	31	24	47	32	26	11	44	33
岐阜県	16	7	11	8	14	6	13	15	10	5
石川県	2	3	2	1	8	11	7	3	4	2
富山県	9	9	8	7	7	15	5	14	6	1
福井県	2	1	4	3	2	1	4	3	2	2
大阪府	45	23	50	37	39	27	41	31	55	32
京都府	9	14	14	8	13	5	10	3	10	6
滋賀県	16	0	6	1	4	2	5	4	12	4
奈良県	8	17	8	11	7	8	11	9	4	2
兵庫県	31	32	30	19	30	20	29	20	31	15
三重県	11	7	8	7	10	8	16	7	5	8
和歌山県	1	0	4	1	2	0	3	8	5	1
岡山県	19	6	19	8	10	15	8	7	13	7
島根県	8	9	6	5	8	1	8	2	6	2
鳥取県	3	5	6	8	6	4	2	1	5	2
広島県	17	7	14	10	8	9	13	11	11	5
山口県	5	2	9	3	11	4	9	6	3	3
愛媛県	8	9	8	9	8	5	8	5	6	3
香川県	4	6	5	3	8	4	4	5	4	3
高知県	4	2	4	3	5	3	7	1	4	1
徳島県	1	2	6	11	0	4	1	3	4	0
大分県	1	1	4	5	3	1	3	5	5	2
鹿児島県	23	13	20	17	20	28	17	20	10	3
熊本県	19	23	15	13	7	11	19	15	12	14
長崎県	12	14	5	10	9	6	3	7	6	4
佐賀県	5	5	6	1	6	5	3	4	4	4
福岡県	20	17	25	20	25	19	32	31	28	25
宮崎県	7	3	3	0	9	2	20	4	9	3
沖縄県	16	8	17	14	15	18	20	12	9	4
総計	838	642	847	676	896	710	842	669	763	477
差引	196		171		186		173		286	

サスティナコンサルティング調べ

PART 1　時流適応

第3章

時流適応のためのマインド

Point！
1. 「素直」なスタンスは自己成長、自己変革を助け、時流適応のための基本となる。
2. 過去の成功体験はその時点では成功であったかもしれないが、現状では成功しづらいものであるという認識ができるか。
3. その「こだわり」は時流に適応しているか。時流からそれたこだわりは「固執」であり、組織の推進力を落とす要因となる。
4. 時流の変化に対応するには対策に時間をかけ、トライ＆エラーを繰り返しながら構築していく必要がある。

1. 素直な視点

(1)素直とは

　自分の知っている範囲や視点で物事を判断する人は多いと思います。なぜなら自己判断できる基準は、自分の中にある蓄積からのものが最も想像しやすいからです。基本的に、人間は自己を認めてもらいたいという願望が強いものです。そのため、自分の範囲から逸れていることは自分が知らないことだと認識するのではなく、範囲から逸れているものが「普通ではない」「特殊」なのだと認識しがちです。自分の無知を認めるのではなく、自分以外のものに原因を求めるわけです。このようなマインドでは、「自分が予想できないものは間違い」ということで、全てを終わらせてしまいます。

　時流というものは、誰にも分かりません。様々な過去における経験や歴史、他業界の動向、経済環境などをふまえ、「仮説」を立て予測するものです。したがって、自分以外の知識や情報の中で成り立っている時流に適応するためには、自分が知っている情報や経験以外のことを受け入れることができるマインドをもつ必要があります。いわゆるこれが「素直」という言葉で表現されるスタンスといえるでしょう。このスタンスがない人は、時流という大きな流れでさえ認めることをせず、あらがうということをしてしまいます。これまでに、時流にあわせた変化ができないがために、衰退していく例を様々な業界で目にしてきました。「素直」なスタンスがなければ、自己成長、自己変革はできません。この自己成長、自己変革は時流に適応するための基本的なスタンスであるため、ぜひ「素直」というスタンスを身につけ、時流に適応していくように心がけていただきたいと思います。

(2)客観的な視点

　図3-1は筆者のセミナーでよくおみせする画像ですが、皆さんはこれを何だと考えますか？参加者からは「UFO？」「窓？」などという回答がよく挙がります。もう一度ご覧になってみると、いかがでしょう？　おそらく多くの方が、思い込みにより「黒い部分」が伝えたい

第3章 時流適応のためのマインド

【図3-1】心理的盲点「スコトマ」。

メッセージや表現であるという固定概念で考えてしまうと思います。しかし、実は「白い部分」がメッセージになっており、答えは「FLY」です。黒色の上部と下部に横線を入れて、改めてみてみるとどうでしょうか。白い部分の文字がはっきりとでてきたと思います。

このような思い込みを心理学では「スコトマ (scotoma)」といい、心の盲点と表現されます。この思い込みが強いと、時流に適応することは難しくなります。つまり、情報を受け止める時に自分のフィルターが強くかかってしまうのです。そのような状態では、様々な情報が自分の都合で歪曲されて自分の中に入ってしまいます。真理を間違え、自分が解釈する情報が全ての情報になってしまうのです。

スコトマがない客観的な視点をもつことは、何事においても非常に重要です。多くの大人は、このスコトマが強くなってしまっていますので、自分自身の意識やスタンスを変えることにより、客観的な視点を身につけていく必要があります。これは、決して先天的なものではありません。トレーニングによって変化するものですので、心当たりのある方はもう一度「FRY」を見直してほしいと思います。

2. 心理ブロック

(1) 自分の壁

「自分の限界を決めるのは、自分である」と

いう言葉があります。自分が「この程度」と考えれば、それ以下の範囲に収まってしまいます。このように自分自身が障壁となっているケースは、本当に多いと感じます。「自分なんて」「自分はこの程度」という意識は、言葉によって植えつけられることが多いのです。それは、他者が話す言葉で心理に植えつけられることもありますし、自分が自己対話（言葉を発する対話以外も含む）で深層心理に植えつけられることもあります。自己啓発セミナーなどに出席されたことのある方も多いかもしれませんが、自己啓発の第一歩は自己肯定です。それは自分の存在をきっちり自分で認め、自分自身をまず褒めてあげることからはじまります。そのような肯定力を高めると、自分自身の中で自信がついてきます。その自信の程度が、自分の作る可能性の壁の高さを高めていくことになります。多くの成功した経営者がいう、「自分はツキがあった」という言葉は自己肯定に謙虚さが加わった言葉です。この言葉は決して卑屈な表現ではないのです。なぜなら、ツキは自ら引き寄せるものだからです。

自分で想像する、言葉で発してみるなどにより、まず自己肯定からはじめ、さらに自分の限界をどれだけ広げていけるかにチャレンジしてみてください。それは、不明瞭な時流変化において推進力を失わないためのマインドになります。

(2)想いは実現する

「こんなこと本当にできるの？」ということを発信できる人は非常にまれだと感じます。それは多くの場合、「こんなことをいったら、笑われるのではないか？」「馬鹿だと思われるのは嫌だな」などという心理がはたらくからかもしれません。もしくは、「こんなこと本当にできるの？」というレベルのことを想像できないのかもしれません。すなわち、自分自身がまず、不可能と思われるレベルのことを想像できるかどうかが、自分の成長するレベルを決める「想い」の大きな要素となります。

しかしながら、日々の忙しさから「想像」する余裕がなく、現実に対応するだけでいっぱいいっぱいであるということもあるかもしれません。また、本当に自分の夢がないのかもしれません。そのような人は、「想い」をもった人を応援することによって、自分自身も成長し、想いをもてることもあります。歴史上の例として、織田信長と豊臣秀吉の関係をみてみましょう。織田信長は天下統一という強烈なビジョンをもち推進していった、「想い」をもっていたカリスマタイプです。一方、その「想い」を応援していった豊臣秀吉は、応援することによって成長し、夢の途中で終わった織田信長の後を継ぐという「想い」が芽生え、天下統一を果たしました。したがって、「想い」をすぐにもてない人は、「想い」をもっている人を本気で応援することで自己成長につながり、自らも「想い」をもつチャンスにつながります。

もしあなたが、院長が強い「想い」をもっている病院に勤めているスタッフなら、その「想い」を本気で応援してほしいと思います。そうすれば、病院の成長とともに自己成長し、新しい未来が作られていくことでしょう。「想いは実現する」、これを本気で信じることが、時流をとらえ成長するためには重要なフレーズになります。

ただ、想いをもっていても、それをきっちりと認識している方は少ないようです。そのため、獣医師になった時の想いなどを振り返り、書面化しておくことも重要でしょう。以下は、ある院長の「獣医師になった想い」を整理したものです。全ての根本は「院長の想い」であり、それは飼い主さんも敏感に感じることです。また、このような「想いや気持ち」を整理することによって、院長自身も自分を見つめ直すことができ、次のステージをイメージしやすくなるでしょう。

A 動物病院　院長

～獣医師になった想い～

私は小学生の時に、はじめて猫を飼いました。拾って飼った猫の名前は「○○」といいます。しかし、私の不注意により衰弱して死んでしまいました。これが動物の死に向きあった最初の出来事でした。

私は命の大切さを学ぶとともに、小さな命を守りたいという気持ちが強くなりました。進路を決める中学生の時には、獣医師以外の選択肢を考えることができませんでした。その気持ちが強く、自然に獣医師という職業に就いた感覚です。

子供の頃から望んでいた職業に就けたことは幸せであると同時に、「使命」のようなものを感じています。

これからも、動物たちを診療面で「看る」ことと、小さな家族として長く「守る」ことを実現できるような獣医師を目指していきたいと思います。

> **B動物病院　院長**
>
> 　私は昔から動物が好きでしたが、あまり理数系科目が得意でなく、文学と生物が好きな学生でした。成長していくにつれ、どのような進路をたどるかを考えた時に、「動物のお医者さん」という漫画や動物園の獣医師の小説を読んで、獣医師になりたいと思いました。
>
> 　しかし、子供の頃に動物を飼ったことがなく、獣医大学入学後、大学生になってはじめて子犬を飼いました。飼い主デビューは遅い方だと思います。ところが、そのはじめて飼った犬を1カ月で死なせてしまいました。本当に自分の無力さを感じ、ひどいショックを受けました。この経験があり、私は「動物を本当に助けられる獣医師になりたい」という気持ちが強くなり、今までの考えの甘さを猛反省しました。
>
> 　　　　（中略）
>
> 　また勤務医時代も、大学から紹介された非常に厳しい動物病院を選びました。その病院は、フィラリア手術を開発したような先進的な病院で、6年間鍛えられました。そこでは獣医療の技術だけでなく、真摯に動物に向きあう姿勢を学ぶことができました。その経験から、開業した今でも子犬・子猫などの子供時代のかかりつけ病院になりたい気持ちはもちろん、真摯に動物と飼い主さんに対応し、「幸せな生涯」を遂げることができるような病院（亡くなったときに「良い思い出」をもってお別れできる病院、たとえるなら映画の「おくりびと」のような病院ですね）を目指していきたいと思っています。
>
> 　余談ですが、私の考えやスタンスには祖父母が大きく影響しています。祖母は女医としては第一人者だった産婦人科医でした。その時代に女医は珍しく、様々な面で苦労があったかと思います。そのような逆境にも負けず、地域に根差した病院を作り、地域貢献していた人でした。獣医師という職種を選んだのは医師であった祖母の影響を若干受けていると思います。
>
> 　また、祖父は画家でした。少しマイペースなところがあるのは祖父の影響かもしれません。プライベートでは、絵を描くことが大好きです。1人、絵を描いていると心が穏やかになります（飼い主さんへの年賀状にあるイラストは、実は私が描いているんです……）。よく、物静かでおっとりしているようにみられるのですが、それは祖父の影響かと思います。

　またクライアントの中には、病院の方針を単年度で考え、年始にそれを発表するケースもあります。このような経営方針発表というと、きっと大きな病院が実施しているようなイメージがあるかもしれませんが、3人以上集まれば組織になるという言葉があるように、意志疎通は3人以上で難しくなってきます。書面化した年始の計画から、意思統一を行い実行していくことは大切だと感じます。

　図3-2は、院長1人、動物看護師3人体制のクライアントが実施した経営方針発表の資料です。非常に前向きな院長だと感じます。

(3)ピグマリオン効果

　ウィキペディアによると、ピグマリオン効果（pygmalion effect）とは、「教育心理学における心理的行動の1つで、教師の期待によって学習者の成績が向上することである」と説明されています。要するに、本気で期待することによって、人は成長していくということです。

PART 1　時流適応

平成27年　●●●動物病院　総会資料

1. 平成26年　病院実績
2. 平成26年　Aさん＆Bさん＆Cさん、歯磨きしてくれてありがとう～～ニャ＾＾
3. 平成26年の計画の振返り
4. 平成27年の計画

　○全体
　　・綺麗、清潔な病院　全員で掃除しましょう！！
　　・心のこもった診察・接客と飼い主さん教育(私達の成長と共に良い飼い主さんを育てよう)
　　・週末カフェの継続
　　・カフェに限らず、イベントの積極的な告知、勧誘、MLの積極的配信
　　・コンサルティングの継続によって、これまでの当院にはない魅力、企画をだす

　○病院部門
　　・新スタッフの成長(看護師Aさん、看護師Bさん)
　　・毎年のことだが、フィラリア時期の混雑緩和
　　　(後日のお会計、第2明細書、診察室会計、ほかに何かないか？　外に椅子？)

　　〜〜〜〜〜〜〜〜〜〜〜〜〜〜〜〜〜〜〜〜〜〜〜〜〜〜〜〜〜〜〜〜〜〜〜

　　・オゾン療法を継続的に勧める
　　・生化学検査装置(ドライケム)の新調を検討

　○トリミング部門
　　・高濃度オゾンシャワーが発売される予定
　　・トリマーの募集継続(2名)急募
　　・人数が減ったが新しい試みを

　　〜〜〜〜〜〜〜〜〜〜〜〜〜〜〜〜〜〜〜〜〜〜〜〜〜〜〜〜〜〜〜〜〜〜〜

　　・掃除項目表の更新(全員で作る。全員でみる。1月中に作成)
　　・植物の管理(年間管理表の作成。院内掲示。1月中に作成)
　　・院内外排泄禁止の徹底

　○その他
　　・猫達の歯磨き表の継続
　　・物の置きっぱなしをしない
　　・トークノートを効果的に使う
　　・7月頃から○○さんの当番(木曜、土曜の午後、日曜)リタイア

【図3-2】年始の計画を書面化した例。

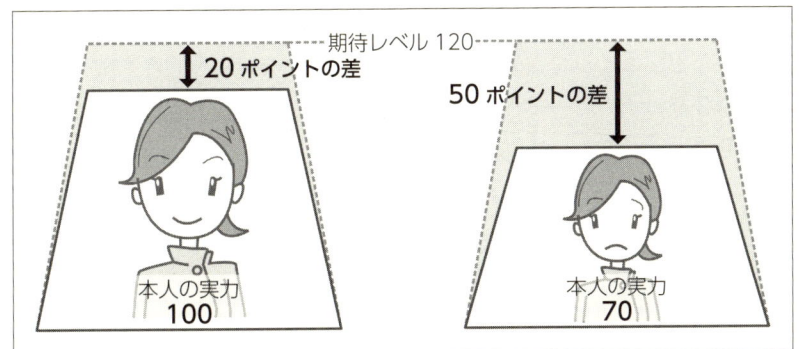

【図3-3】本人の実力を見誤ると期待レベルに対し、力の不相応が生じる(右)。

　人間は欠点をみつけることの方が長けており、「ここが足りない」「これができない」というような視点の方が、どうしても強くなってしまいがちです。このような視点では、「本気で期待」をかけることができなくなります。時流に対応するためには、院長の成長はもちろん、病院スタッフの成長も不可欠です。そんな中、スタッフも成長させることができる院長はやはり強いといえるでしょう。

　しかし、本気で期待するということは決して簡単なことではありません。肯定的な視点を常にもつことは非常に難しく、本気で期待するということには勇気が必要だからです。また、あまりにも期待をかけすぎて、相手がつぶれてしまうこともあるかもしれません。これは、本人の100の力を把握していないことによって起こってきます。本人の力が実際は70であるのに、期待する側がそれを100と勘違いしていたらどうでしょうか。期待レベルを120と想定していたとすると、期待する側にとっては20ポイントアップですが、本人にとっては50ポイントアップの期待になっているのです(**図3-3**)。それは、力の不相応となり、相手は実現するまでのストレスなどによりつぶれてしまうのです。このような意識をしっかりもって、現実を見据えることが必要です。

　ちなみに「期待」はしても良いのですが、「あて」にしてはいけません。「あて」にしすぎると組織は属人的要素の強いものになり、継続性が弱くなってしまうものです。「期待はするけど、あてにしていない」というスタンスでピグマリオン効果を発揮してもらいたいと思います。

3. 成功否定ができるか

(1) 過去と時流

　実は、時流に適応できない人の中には、過去に成功した体験が強い人が多いようです。動物病院で考えると、「バブルが崩壊したが動物病院の経営はうまくいっていた」というような経験をもつ院長です。昔のピンチを乗り越えた自信があるため、ピンチは同じように乗り越えることができると考えてしまうのです。このような状況はどのような業界でも起こり得ることですが、1つ注意しておきたいことがあります。バブル崩壊時点でのピンチの要因は「不景気」でしたが、この頃の動物病院数はまだ少なく、ライフサイクルにおいては導入期にあったという事実です。このような観点がないと、今後の時流変化に対しても何とかしのいでいけると考えてしまうのです。

すなわち、過去の状況をきっちりと把握することが、時流を予測し適応する上では重要になります。過去の成功体験はその時点では成功であったかもしれませんが、現状では成功しづらいものであるという認識ができるかどうかということです。その意味で、過去に成功した体験が強い人は、どんどん時代に淘汰される可能性を含んでいるわけです。おそらく自分自身を成功者と考えている時点で、時流に適応するスタンスにはなれないかもしれません。しかし、過去からつながる未来であるからこそ、過去の要因を客観的に把握し、分析していただきたいと思います。そして、「あの時とは違って、今はこうしなければならない」「客観的にみると、今までとは違う環境である」ということをしっかりと認識し、時流に適応できるようになっていかなければなりません。

成功体験を否定することは非常に嫌なことで、自分の功績まで否定されたように感じるかもしれません。しかし、勇気をもって過去を受け止め、成功体験という足枷をなくしていってほしいと思います。今後の未来のために、時流にあわない成功体験の意識はいらないのです。

(2)固執する≒こだわる

病院として、院長として「こだわっている」ことがあることは非常に良いことです。自分たちが思うスタンスなどを「ぶれない」ようにするためには、こだわりは必要になります。この「こだわり」を広げる、あるいは明文化したものが行動指針であり、それがビジョンになっていきます。

しかし、これが時流に適応していなかったり、方向性自体が間違っていたりすると、組織にとって大きなデメリットを生む要因になってしまいます。時流に適応しない間違った方向性からのこだわりは「固執」になり、なかなかやっかいな組織運営の基軸になります。先に述べた成功体験の否定などができない院長に多い状況です。大きな流れにあわないと、「こだわり」は独りよがりになってしまい、効果を発揮しないことはもちろん、推進力を落とす要因になってしまいます。この事実を認められない院長は、時流から外れた経営をしてしまいがちです。自分がもっているのは時流に適応した「こだわり」なのか？　時流からそれた「固執」なのか？　自問自答できる院長なら、成長する資格をもっているといえるかもしれません。

(3)今までの常識

犬の飼育数が減少しているにもかかわらず、しつけ教室だけを過去の体験から強化している病院もまだまだあるのではないでしょうか。もちろん、しつけ教室も必要ですが、それ以外の視点をもっていけるかどうかがポイントです。しつけ教室はほんの1例ですが、ほかの視点をもつこと、すなわちこれは時流適応といえます。

今までの常識の中で運営されている動物病院は、数年前から徐々に支持されにくい、来院動機が減少する病院になってきています。時流の変化というものは一気に変化するのではなく、徐々に変化していますので、その対策も一気に実践することはできません。時間をかけ、トライ＆エラーを繰り返しながら構築していくものです。

「常識」「当たり前」「普通」という言葉は、過去の一定時点でのスタンダードであるがゆえ、非常に怖さと脆さをもっています。時流に対する意識の低い人は、この一定時点でのスタンダードにとらわれており、それは間違いだということに気づかないのです。「当たり前」や「常識」という枠の中でこなしていくことは、

非常に楽であり居心地が良いでしょう。「茹でガエル現象」（または茹でガエルの法則ともいわれる）というものをご存じでしょうか。カエルの入っている水を徐々に温めていくと、気づいた時には逃げられなくなっているというものです。「常識」や「当たり前」の中に居心地が良いままいることによって、実は衰退に近づいていることを、ぜひ感じていただきたいのです。

非常識というものは、もしかしたら未来をこじ開ける重要なスタンスかもしれません。革命を起こしている企業、例えばアップル社などもCDなどで音楽を聴く「常識」を変えていったことで、新しい時代を作っているといえます。「常識」にとらわれていることが時流適応にはマイナスになると考えて、日常を振り返ってみてはいかがでしょうか。

経営コラム

礎

「想い」は全ての行動や言動の礎になっていると思います。以下は、ある人に聞いた「5つの大切な心」です。多忙な毎日でも、自分の礎になっている想いを忘れないようにしていきたいものです。
・「はい」という素直な心
・「すみません」という反省の心
・「おかげさまです」という謙譲の心
・「させていただきます」という奉仕の心
・「ありがとうございます」という感謝の心

社長という立場

ある書籍に、社長という立場は一瞬にしてものを作りだすことはできないが、一瞬にして破壊することができるため気をつけなければならない、という一文がありました。皆で蓄積してきたものを生かすか殺すかはトップ次第という、非常に的を得た内容です。経営のトップに立つ多くの院長は、1人で創造することはできません。チームの中の一員として非常に影響力が強い立場であることを認識して、行動することが重要です。

期待とやりがい

相手に期待しすぎたり、期待するレベルが高すぎたりすると「何で○○してくれないのだろう」といった不満感を抱きやすくなります。また、期待はしていても相手に伝えていない、伝わっていないこともよく見受けられ、結果、期待されてないためにやる気が起きないといった期待値のミスマッチもあります。

特に、新しいスタッフが増える時期や既存スタッフの立場が変わったりする時期などは期待値のバランスに注意して、本人がやりがいを感じられるようにすることが大切です。

まっすぐに

ネイティブアメリカンに伝わる言葉に、「まっすぐに話せば、光線のように心に届く」というものがあります。あるクライアントで、部下のスタッフとコミュニケーションがうまく取れないリーダー看護師がいました。ミスを注意するとそっぽを向く、できるようになったことを褒めても反応がないなど、何を考えているか分からない状況でした。ここで諦める人も多いかもしれませんが、このリーダーが素晴らしかったのは、諦めずにまっすぐに話しつづけたことです。その結果、徐々に反応が返ってくるようになりました（後で聞けば、その部下は昔のトラウマが原因で人の言葉を信じられなくなっていたとのことでした）。

このようなケースはまれかもしれませんが、うまくコミュニケーションを取れないスタッフを抱えている病院もあると思います。「まっすぐに話す」ということを真剣に考える必要があるのかもしれません。

1年の計はフィラリア時期にあり

繁忙期は特に、日々を乗り切ることで精

一杯になりがちです。そして何も対策を取らないまま夏期を迎えると、夏期から冬期にかけての売上が大きく落ち込んでしまうこともあります。

そこでいくつかのクライアントでは、繁忙期前に年間スケジュールを立て、「いつ何をやるか」をおおまかに決めています。そして各企画の実施時期から逆算して、「飼い主さんにDMを送る時期」「内容を検討する時期」などの計画を立てています。こうすることで、いわゆる「後手後手」になることを防ぎ、業務の優先順位もつけやすくなります。ポイントは、「絶対やりたい」というものを中心に時期を決めておき、ある程度柔軟に変更できる余裕を作っておくことです。

あっという間に夏がきて、秋がきて、そして冬がきたらもう来年のフィラリアの準備時期です。ぜひ一度、年間スケジュールの整理をしてみることをお勧めします。

■年間スケジュールの例。

	4月	5月	6月	7月	8月	9月	10月	11月	12月	1月
フィラリア＆血検	実施									
アピール型アンケート	実施			集計						
レントゲンキャンペーン	クーポン配布 院内掲示作成		実施							
猫の血液検査	内容検討	DM発送	実施							
秋の健康診断(犬)				内容検討	DM発送	実施				
猫の血液検査							内容検討	DM発送		実施
フィラリア＆血検										内容

PART 2
マーケティング

PART 2 マーケティング

第4章

表現のコツ

Point !
1. 自分たちのオリジナリティを訴求した情報発信ができているか。
2. 情報は「繰り返し」「頻度高く」発信されることで、人の印象に残りやすいものとなる。
3. 自院のアピールとなる情報の表現力は、比較的簡単に改善できる。
4. 既存メニューの表現方法を少し工夫するだけで、飼い主さんの反応は良くなる。

最近では、多くの動物病院が様々な媒体で情報発信を行うようになっています。以前は、メーカーから提供されるポスターやDMなどをそのまま使っている動物病院も多数ありましたが、自分たちのオリジナリティを訴求するために、オリジナルのツールを使うようになってきています。昔からあるような表現での情報はありふれているため、飼い主さんにとってそれらは目新しいものではなくなっているようです。

情報発信の上で最も大切なのは何でしょうか。それは人の意識に植えつけられる『啓蒙力』であり、以下のように表すことができると考えています。

> 「コンテンツ(内容)」
> ×
> 「情報発信頻度」
> ×
> 「情報表現力」
> ＝
> 『啓蒙力』

1. コンテンツ(内容)

「コンテンツ」は、動物病院や院長などの本質的な興味や修得した技術、情報収集力に比例します。これまでにかかわってきたクライアントをみても、その傾向は顕著にでています。例えば統合医療に興味がある院長は、統合医療の内容が多くなる傾向があり、猫に興味がある動物病院は猫の飼い主さん向けの情報が多くなります。また、日頃から様々な書籍を読まれている院長は、自分が読んで良かったと思う書籍などを紹介しているケースもあります。

しかし、この「コンテンツ」は、すぐに高められるものではありません。やはり、発信する段階に至るまでに時間がかかるため、多くの院長は難しい要素であると感じているようです。

2. 情報発信頻度

「情報発信頻度」は、飼い主さんに情報が届く頻度のことです。頻度が高く到達する情報は印象に残りやすく、これは様々な業界、分野で

第４章　表現のコツ

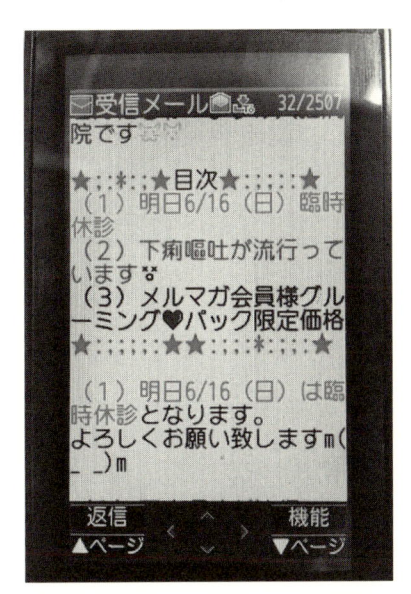

【図4-1】携帯メール会員への情報発信。

【図4-2】携帯メール会員を増やすために考えた「登録代行」のサービス。

もいわれていることです。そのため、繰り返し発信することが有効です。テレビCMの例で考えても分かるように、多く目に触れる方が印象に残るということで、繰り返し放映されるCMがほとんどです。この頻度が基礎であり、実は情報発信にとって最も大切なものだと考えています。これは、発信する仕組みや人の意識、情報収集力などにも影響を受けるため、情報を発信しやすい仕組みを構築する必要があります。

頻度高く情報を発信するのに適しているものの1つがメールです（図4-1）。多くの携帯メール会員を募集、組織化し、情報を発信するシステムを当社では推奨しています。さらに、携帯メール会員の登録を促すため、携帯電話やスマートフォンでポイントがたまり、かつ、それを携帯メールで配信できるような仕組みを近年、多くのクライアントが導入されています。この携帯メール会員は、会員数が非常に重要となります。自院のカルテ枚数に対して、6割程度の携帯メール会員数があるクライアントは、ほとんどの情報発信を携帯メールだけで済ませています。携帯メール会員数が多いと、コスト面を考えてもメリットが大きいといえます。

以下に携帯メール会員を増加させた簡単な事例を紹介します。これは、携帯メールへの配信サービスを実施しているクライアントにおいて、ある一定のアドレス数を収集すると登録数が伸びないという現象があったことがきっかけで導入されたものです。それは、「登録代行する」というもので、受付で必要情報を聞き、それを代行して登録作業を行うという、実に簡単に実践できる方法です（図4-2）。飼い主さんの中には、携帯メール会員に登録する手間から、登録をしないままでいる方も多数いらっしゃいます。このようなこともあり、「登録代行」への反応は意外と高く、飛躍的に登録アドレスが追加収集されました。

3. 情報表現力

『啓蒙力』に必要な最後の要素は、「情報表現力」です。これは、ほかの要素とくらべると比較的簡単に改善することができます。事実に基づいて何かを表現できるとすれば、最も有効なキーワードは「1番」であり、「1番である」と

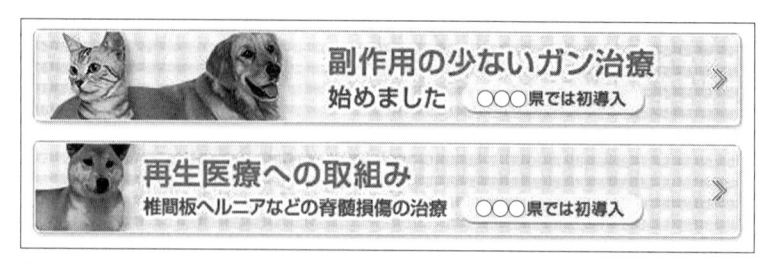

【図4-3】"初導入"ということを表現したホームページ。

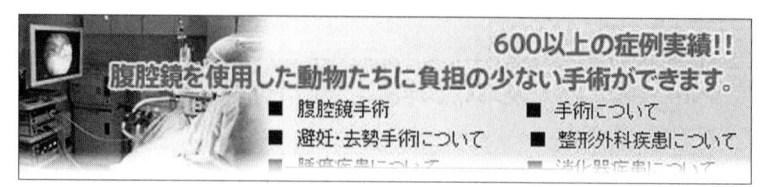

【図4-4】「数」という実績を表現したホームページ。

いうことをアピールすることです。

　図4-3は、あるクライアントのホームページ画面ですが、「○○○県では初導入」という"導入したのが1番"ということを表現として使用しています。よくいわれることですが、「1番」は印象に残りますが、2番以下は印象に残りにくいものです。そのため、「1番」「初○○」などの表現を使えると非常にインパクトのある表現になります（広告規制の対象では、このような表現が使用できないため注意が必要です）。

　また、「数」という事実も非常に大切になります。なぜなら「数」は実績であり、歴史になるからです。そのため、表現の中に数が入っていると信頼感が高まります。例えば、腹腔鏡で手術している病院は多々ありますが、きっちりと実績を積み上げ、それを表現している動物病院はまだ少ない状況です。従来は、高度な機器を導入し、「○○導入しました」「○○あります」という表現だけでも効果はありました。しかし、それは情報を発信していた動物病院が少なかったからであり、そのような表現があふれだしてきた昨今においては、インパクトが弱く

なってきています。

　図4-4は別のクライアントのホームページ画面ですが、「数」をきっちりと記載しています。この数を積み上げるため、このクライアントは数年前から腹腔鏡を使用した避妊・去勢手術を安価な価格で行ってきました。長期的な視野をもち、このような事実を積み上げたことで、インパクトのある表現ができるようになった1例です。

　また、情報を届けたい対象を明確にし、その上で対象にとってメリットがあるように情報発信することも重要になってきています。例えば、対象となる年齢を明確にし、その年齢層に対してどのようなメリットがあるか、という表現の組立ては非常に重要です。「うちの子にとってメリットがある」というように、飼い主さんがすぐに気づくことがポイントになってきます。このような工夫がないと、飼い主さんはアクションを起こすまでに時間がかかり、また、自分のペットが対象でないと感じてしまえばリアクションは悪くなります。

　年齢だけでなく、「最近、○○なわんちゃん

> **猫ちゃんの避妊・去勢
> 促進キャンペーン**
>
> 避妊・去勢をしていない猫ちゃんは交配期にさかり、徘徊したり、乳腺腫瘍や前立腺がんになるリスクが高くなったりすることがあります。野良猫が増えれば、不幸な子猫が増えることにもなります。
> 私たちは、少しでも多くの猫ちゃんに避妊・去勢手術を受けてもらいたいと考え、社会還元価格として下記の価格で手術をしたいと思っています。ぜひ、この機会に避妊・去勢手術を受けていただき、大切な小さな家族を守ってあげてください。

【図4-5】 動物病院経営における共通価値の創造の表現例。

に」「こんな症状ありませんか？」など、シチュエーションから気づかせるという方法も考えられます。今までは、病院からの発信のみで良かったかもしれませんが、これからは「うちの子に必要」と飼い主さんに気づかせることも、病院数が多くなってきた今の時代には必要になってきているのです。

4. 共通価値の創造

近年、新しい価値観として「共通価値の創造（CSV：Creating Shared Value）」という概念が世界的に広まってきています。これは、ハーバード大学の教授であるマイケル・E・ポーターが提唱した概念であり、価値の原則を用いて、社会と経済の両方の発展実現を前提としているものです。近年の情勢から、営利性が高い経営体は支持されない傾向にありますが、社会性が強すぎて収益性が維持できなければ持続の可能性は低くなります。それを解決するために必要となるのがこの概念です。

【定義】
共通価値の創造とは、企業が事業を営む地域社会の経済条件や社会状況を改善しながら、自らの競争力を高める方針とその実行のことである。

(1)経営への取入れ方

この考え方をもとに作られた猫の避妊・去勢を促進するキャンペーン文例が**図4-5**になります。このような考え方を動物病院経営に取入れていくことは、今後非常に重要になるでしょう。

(2)シチュエーションによる表現の工夫

また、シチュエーションによる表現からメニューを作り訴求する方法もあります。例えば、トリミングの場合は犬種ごとのメニュー（シャンプーコース、トリミングコースなど）が一般的で、オプションメニューなどを追加する以外に新しいメニューを追加するのは難しいことが多いでしょう。しかし、あるクライアントの動物病院に併設されたトリミングサロンでは、従来のメニュー内容を変えずに、ネーミングを変えることで訴求率を高めることができた事例があります（**図4-6**）。これはパック化という手法を用いた例で、トリミングコース［①シャンプー、②カット］というベーシックなメニューに、③爪切り、④足まわりカット、⑤肛門腺絞り、⑥耳そうじ、⑦肉球パック、などのオプションメニューを1つにまとめて提供したものです。オプションメニューは、通常のメニューに価格がプラスされていく印象を受けるため、景気が悪い時期には選ばれにくい傾向にあります。そのためトリミングの売上を上げるためには数を増やすか、単価を上げるしかありませんが、1頭あたりにかかる時間を考慮すると、単価を上げやすい仕組みを作る方が現実的だと考えられます。

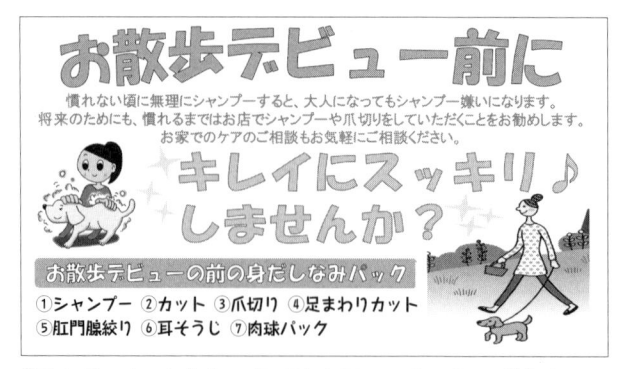

【図4-6】パック化という手法を用い、ネーミングを変えて訴求率を高めた例。

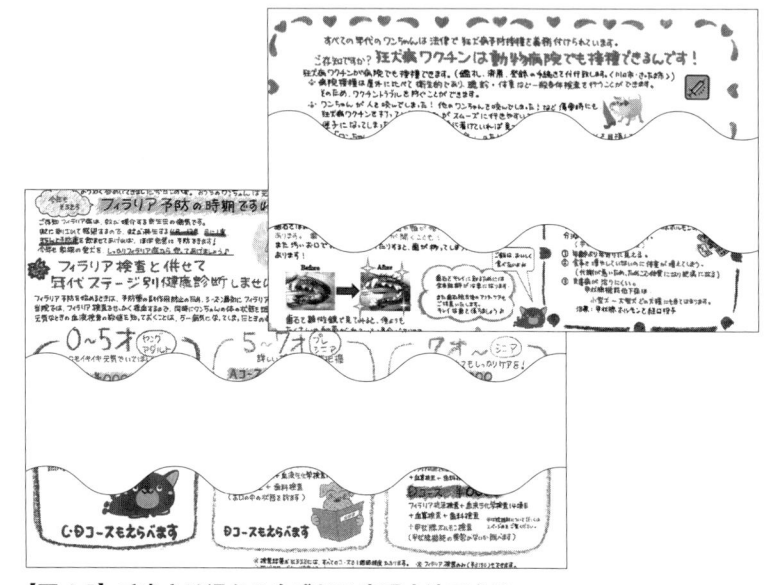

【図4-7】手書きは温かみを感じる表現方法である。

パック化する際は、「お散歩デビュー前」などのシチュエーションをふまえたネーミングにすると、飼い主さんは実施した後のイメージをもちやすくなるため反応が良いようです。ぜひ一度チャレンジしてみていただきたいと思います。

(3) 手書きによる表現の工夫

また、手書きという表現方法はデジタル全盛のこの時流において、温かみを感じる表現方法の1つといえるでしょう（**図4-7**）。あるクライアントは、手書きでフィラリア予防用のDMを作成されています。画一的なフォントが多い印刷物にくらべて、手書きされたものにはやはり違いを感じます。

経営コラム

DMに真のメッセージは含まれていますか？

　DMや院内の掲示物を作る機会は多いと思いますが、「なぜそれを作るのか？」を考えてみたことはありますか。その答えは、読み手である飼い主さんに何らかの行動を期待しているからではないでしょうか。

　実際に作られたDMには、期待する行動が明確に記載されていますか？　もしくは行動を起こしたくなるような文章になっていますか？　よくみかけるのは、単なる説明や病院が伝えたいことだけが書かれているもので、それでは反響がなかなか上がりません。DMのその先に、伝える相手の顔がみえていないと自己満足の内容に終わってしまうのです。

　では、どのようにすれば期待する行動を伝えることができるのか？　そのヒントとなるのがメッセージを明確にすることです。メッセージを伝えるには、次の3つの順序をふむことが大切で、これらを明確にしてから文章を考えると、より伝わる内容になると思います。

1. テーマ（相手に対する問いかけ）
2. テーマに対する答え
3. 相手に期待する反応

第5章

集患のための方策

> **Point!**
> 1. 集患のターゲットを明確化できているか。
> 2. 一度紹介してくれた紹介者に、別の新患を紹介してもらいやすくする工夫はできているか。
> 3. ホームページ上のキーワードの種類や使い方次第で、検索上位に表示される可能性は高くなる。
> 4. 「離脱率」の低いホームページにするために、今すぐできる対策を考える。

　情報発信を実践している動物病院は多くなってきていますが、犬の飼育数が減少し、高齢化も進んでいる時代において、初診患者を集めることは非常に難しくなってきています。以前は、「私たちの病院はこのような病院ですよ」という発信を行っているだけでも珍しく、きっちりと自己開示してくれている病院という印象だけで「行ってみようかな？」と思う飼い主さんは多数いたと思います。もちろん、自己開示は安心感を与えるためにも必要ですから、これからの時代も同じです。しかしこれからは、さらに自分たちの特徴を表現することが必要になってくるでしょう。

1. シニア層の集患

　これまでは、集患というと「子犬・子猫」が対象になるイメージがあったと思います。しかし、子犬・子猫が減少している時代では考え方を変えなければいけません。
　現在、飼育されている犬の50％以上が7歳以上の高齢犬だという統計があります。そのような状況では、シニア層をターゲットにし、初診に来てもらうということも集患対策の1つになります。そのため、シニア層に向けたメッセージ性の高い情報発信を強化している動物病院も多くなってきています。ただし、高齢の動物を飼う飼い主さんは、病院の技術レベルや安心感、実績など様々な要素を検討される傾向が強いため、病院側は自身の力を高めることが前提条件になってきます。
　図5-1のホームページのように「7歳以上になったら」という、飼い犬や猫の年齢がシニア層になった飼い主さんが明確に気づくような表現をしているものもあります。

2. セミナー対象者の再考

　「子犬」の新患が来てほしいと考えている動物病院は多いと思います。しかしながら、昔のように容易に子犬の初診患者が来院する時代ではなくなってきています。子犬の販売数が減少していることも要因にありますが、ペットショップが運営する動物病院を強化しているな

第5章　集患のための方策

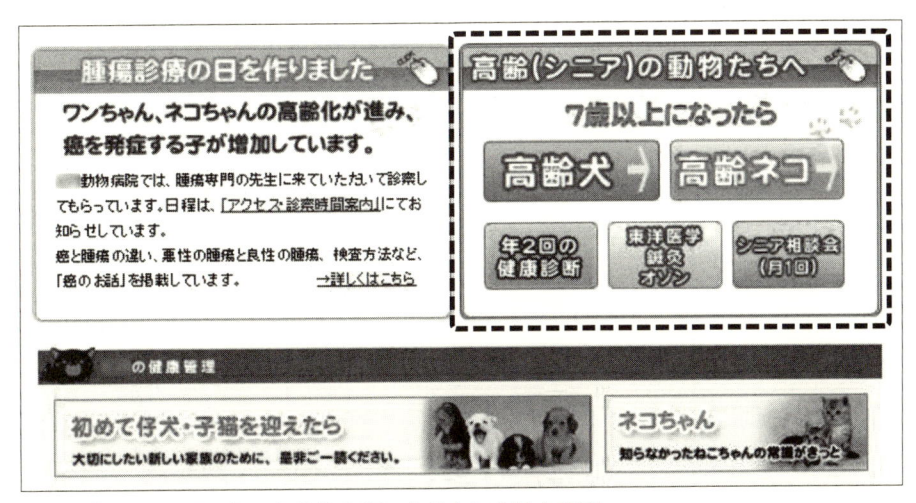

【図5-1】シニア層になった動物の飼い主さんに向けた表現。

【図5-2】自院の患者以外の飼い主さんを対象としたセミナー案内と会場風景。

　どの状況も影響しているかもしれません。トリミングショップやペットショップとの連携には賛否両論ありますが、昔のような情報発信のみでは子犬の来院を促せなくなっているのです。実際、しつけ教室を開催しても定員に満たないケースも増えてきており、子犬の減少を痛感している動物病院は多々あると感じます。

　そのため、クライアントの中には自院の患者以外の飼い主さんに向けたセミナーを開いているケースもあります。図5-2は、実際のチラシとセミナー会場の様子で、場所は公民館を借りて行いました。結果、このセミナーへの参加をきっかけに新規来院された飼い主さんもいらっしゃったようです。ほかにも、地域でイベントを開催し、様々な人との交流をもっているクライアントもいます。

　待っているだけで子犬が初診で来院する時代は終焉したと素直に受け止め、行動できるかどうかが非常に重要な時代に入ってきています。

【図5-3】紹介者へのお礼とご報告。

3. 口コミ・紹介

　今の時代でも口コミが重要だということは不変であり、また口コミで紹介をしてくださる方を大切にすることは非常に重要だと感じます。

　しかし実際、紹介を受けて来院された方に問診票などで紹介者の名前を聞いている動物病院は多いのですが、その後それをあまり活用できていない病院が多数あります。紹介者の心境としては、自分が紹介した結果を気にかけているということが多々あります。読者の方なら、自分が患者を大学病院などに紹介することがあると思いますが、その時の心境に近いのではないでしょうか。つまり紹介者に対し、紹介していただいた感謝の気持ちとともに、不安を払拭してあげるメッセージを伝えることが重要になります。図5-3は、新規の飼い主さんを紹介してくださった紹介者へお送りするDMの例です。紹介してくださった飼い主さんは、さらに別の飼い主さんも紹介してくださる可能性が高いと考えられます。

　では、口コミ・紹介により飼い主さんを増加させたいと考えた場合、飼い主さんが動物病院の話題をだしやすい「場」はどこになるのでしょうか？　それは「散歩中」の可能性が最も高いと思います。散歩中の飼い主さん同士の会話に、自院のことが自然とでてくる取組みができれば、口コミによる来院の確率は高くなるのではないでしょうか。そこで、当社がクライアントに提案し使用していただいているのが、「お散歩マップ」です。これは「お散歩」を術後のリハビリや減量など、獣医療の一環としてとらえ内容を工夫することで、活用してもらいやすいものにしています。図5-4がその1例で、病院周辺のお散歩ルートとして病院独自のコース設定をしています。実際に、この「お散歩マップ」を配布した後、院長が散歩にでかけた際に、このマップをもって散歩されている飼い主さんを数人みかけたといいます。また、「お散歩コース」のイラストですが、図5-4のように完成度の高いきれいなものではなく、スタッフによる手書きのものでも良いと思います。

　この「お散歩マップ」以外にも、散歩時の口コミを促進するツールとして、自院の名前やロゴの入ったポケットティッシュやエコバッグなどを活用することもできます。ほかにはグッズ

【図5-4】「お散歩マップ」の例。

などを「お散歩セット」として配布されても良いでしょう。

4. ホームページ対策

(1)検索上位表示対策

ホームページに関してよく質問されることに、「どうすれば検索上位に表示されますか？」という内容があります。実際、検索上位にするためのサービスを提供する会社も存在するほどですから、正直、筆者にその正解は分かりません。当然ながら、検索サイトのGoogleやYahoo!からこのルールは公表されていないのですが、ホームページ対策として検索エンジンでの上位表示対策を行うことは重要です。

Googleには検索結果の決定要因（アルゴリズム）が約200個あるといわれ、その決定要因の強弱によって検索結果の順位が変動しているようです。さらに、その決定要因は何の前触れもなく変更され、大幅な順位変動が発生することもよくあるのです。それをふまえた上で、当社が考える「検索上位表示対策」をご紹介したいと思います。

図5-5は、飼い主さんが動物病院を検索する際の検索キーワードの種類と頻度を調査したものです。病院を検索するパターンと、症例について詳しいことを検索するパターンがあるようです。ホームページ作成の際は、この2つを軸にキーワードを入れていくことが重要だと考えます。地域に関するキーワードをコメントや文章などにしっかり入れることも重要ですし、症例や犬種などをホームページ内に散りばめることも重要になります。そうすることで、これらを複合した結果や相互リンクなどの効果によ

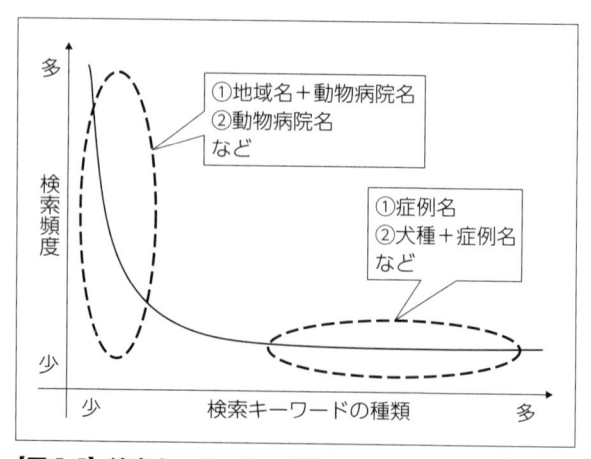

【図5-5】検索キーワードの種類と頻度。
サスティナコンサルティング調べ

り、検索結果1位を継続できているクライアントもいます（図5-6）。

以前、海外ではパンダアップデートと呼ばれるGoogleによるアルゴリズムの大幅な変更が行われたことで、検索結果に大きな変動が生じ大騒ぎになりました。2015年現在、日本ではまだ導入されていないという見解が多いですが、いつ導入されてもおかしくない状況といえます。

このように、Googleが全ての命運を握っている状況においては、小手先のテクニックを実行していくだけでは追いついていくことはできません。そこで、Googleが理想とする検索エンジンのあり方を知ることが、非常に重要といえるでしょう。

Googleが理想とする検索エンジンは、「検索者が知りたい情報を、的確に早く提供すること」です。そのため、この理想に沿うような「検索者が知りたい情報を、的確に早く提供できるホームページ」が検索上位に挙げられることになります。つまり対策を行う場合は、このGoogleが考えていることを念頭におきながら実施してくことが非常に重要といえます。

(2)検索者がホームページにたどりつくまでのポイント

検索者が自院のホームページにたどりつくまでには、「検索エンジン→検索結果→自院ホームページ」という流れがあります。そこで、流れに応じたチェックポイントをご紹介します。

① Googleへの登録

「検索エンジン→検索結果」におけるポイントとして、まずは検索エンジンに自院のホームページが認識されていることが大前提となります。Googleには、「Googleウェブマスター」というホームページを登録するための無料の機能があります。登録は必須ではありませんが、Googleの検索エンジンに自院ホームページを認識させるために、ここに登録されることをお勧めします。

[参考URL] Googleウェブマスター
　http://www.google.co.jp/webmasters/

②ホームページのタイトルタグの最適化

「検索結果→自院ホームページ」にたどりつくためには、タイトルタグがポイントとなりま

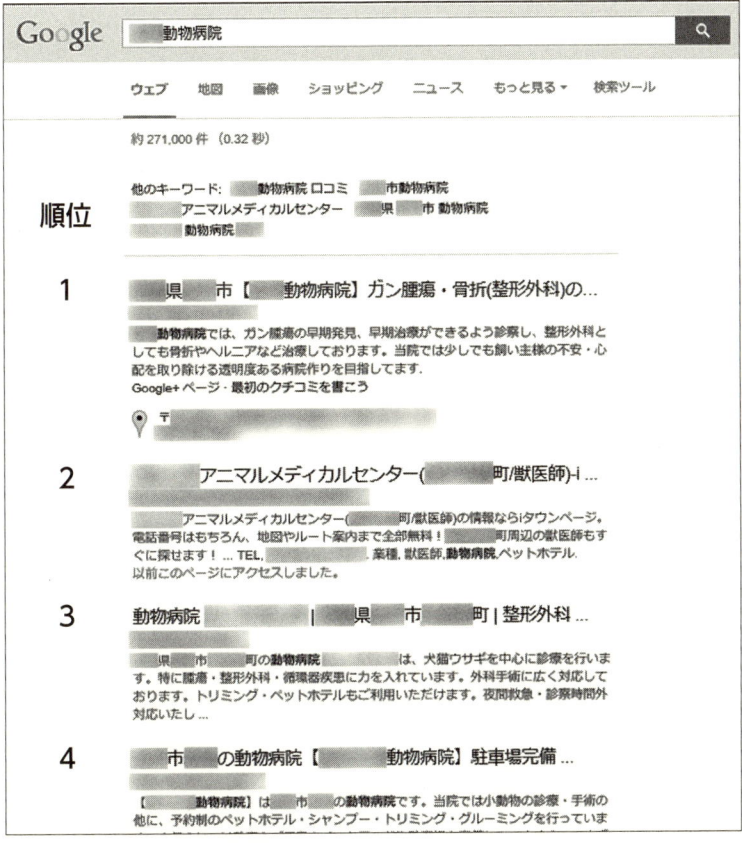

【図5-6】検索結果の順位変動への対策には、使用するキーワードも重要となる。

す。少し専門的な話になりますが、ホームページはソースコードと呼ばれる文字のプログラムで構成されています。その中の、ホームページのタイトルを表す部分を「タイトルタグ」と呼び、これは検索結果の際に表示される内容です。また、検索キーワードとも関連しているため、非常に重要な要素となってきます。まずは、このタイトルタグに記載されているキーワードが自院ホームページと深く関連している内容であるかを確認してみてください。確認方法は、自院のホームページを開き、任意の箇所にカーソルをあわせて右クリックすると「ページのソースを表示」という部分がありますので、そこをクリックしてください。参考例として、当社サイトのタイトルタグと検索結果を**図5-7**に示します。

このように、検索結果に自院の名前などが表示されたとしても、検索キーワードとの連動が行われていないと、自院ホームページへのアクセス数は少なくなってしまいます。

(3) ホームページのレイアウト

ホームページにアクセスしていただいても、知りたい情報がみつかりにくければ、閲覧した方はすぐにホームページを離れてしまいます。その傾向は「離脱率」でいい表すことができ、離脱率が低いほど、自院ホームページの内容を多くみてもらっていることになります。そのよ

45

```
<!DOCTYPE html PUBLIC "-//W3C//DTD XHTML 1.0 Transitional//EN"
 "http://www.w3.org/TR/xhtml1/DTD/xhtml1-transitional.dtd" >
<html lang="ja" xml:lang="ja" xmlns=" http://www.w3.org/1999/xhtml" >
<head>
<meta http-equiv="Content-Type" content=" text/html; charset=Shift_JIS" >
<title>動物病院コンサルタント｜藤原慎一郎｜サスティナコンサルティング公式サイト</title>
<meta name="description" content="動物病院経営コンサルタント藤原慎一郎が代表の動物病院
経営コンサルティング会社サスティナコンサルティング（sustaina consulting）。
 ・
 ・
 ・
（以下略）
```

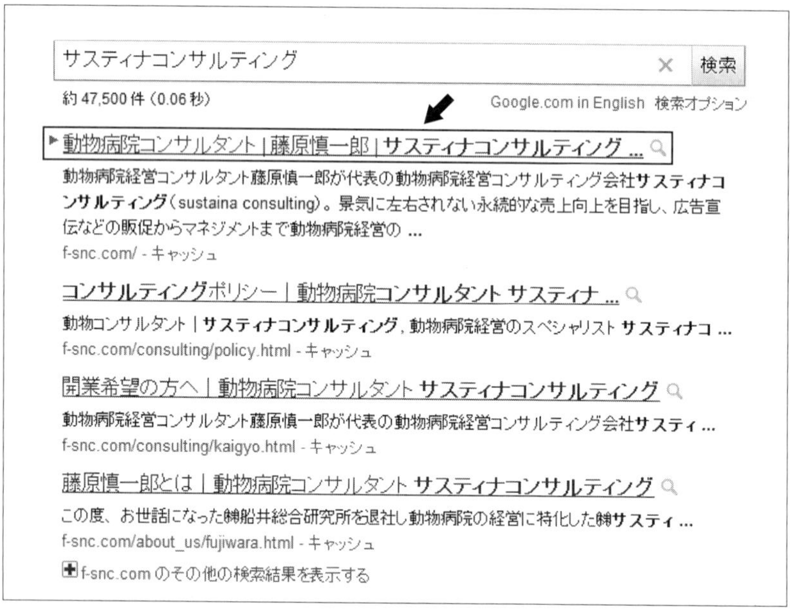

【図5-7】当社サイトのタイトルタグと検索結果。
上：トップページのソースコードの一部。囲まれた部分が「タイトルタグ」。
下：上図の「タイトルタグ」にある文言が掲載される。

うなホームページは、クリックされやすいレイアウトになっているという特徴があります。

そこで、自院ホームページのどこがクリックされやすいかを知る方法として、Googleが提供している無料のツールがあります。任意のホームページでどこまでがスクロールなしで表示されるかを可視化して調べるものです。ホームページを開いた時に表示されていないボタンは、クリックされにくいということになります。もし、自院のホームページにおいて、みてもらいたいページがスクロールしないと表示されない状態であれば、改善の余地があるといえます。**図5-8**は、当社サイトで試した場合のものです。

(4) ホームページの表示速度

ホームページの表示速度も、今後は検索結果に影響してくるといわれています。Googleの目指す、「検索者が知りたい情報を、的確に早く提供すること」の"早く"という部分に影響

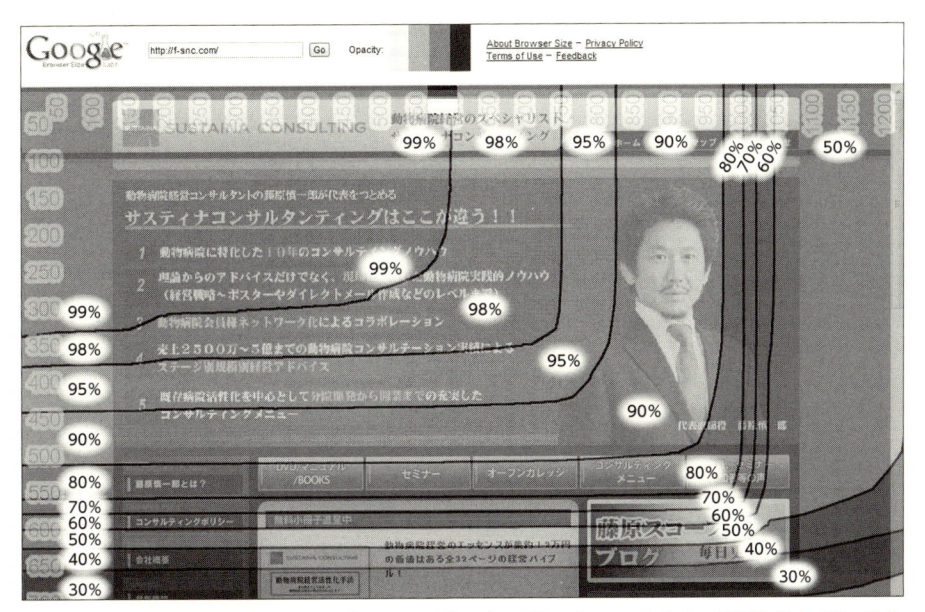

【図5-8】Google 提供のツールを用い、どこまでがスクロールなしで表示されているかを調べた結果。

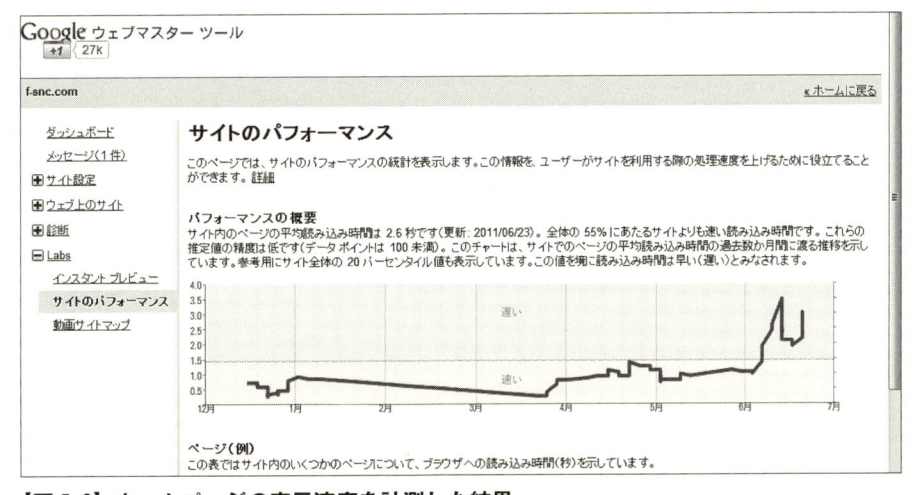

【図5-9】ホームページの表示速度を計測した結果。

しているためです。読者の方も、表示速度が遅いホームページであると、みる気はしないと思います。自院ホームページの表示速度についても、気にしてみた方が良いでしょう。先ほど紹介した Google ウェブマスターにあるツールを使えば、図5-9のように計測することができます。

(5) リスティング広告の活用

ホームページの強化や情報発信の強化策の1つとして、リスティング広告の活用を行うクライアントが増えています。

リスティング広告とは、Yahoo! や Google などの検索エンジンで検索した際に、希望するキーワードで検索された時だけに自院の広告を

PART 2　マーケティング

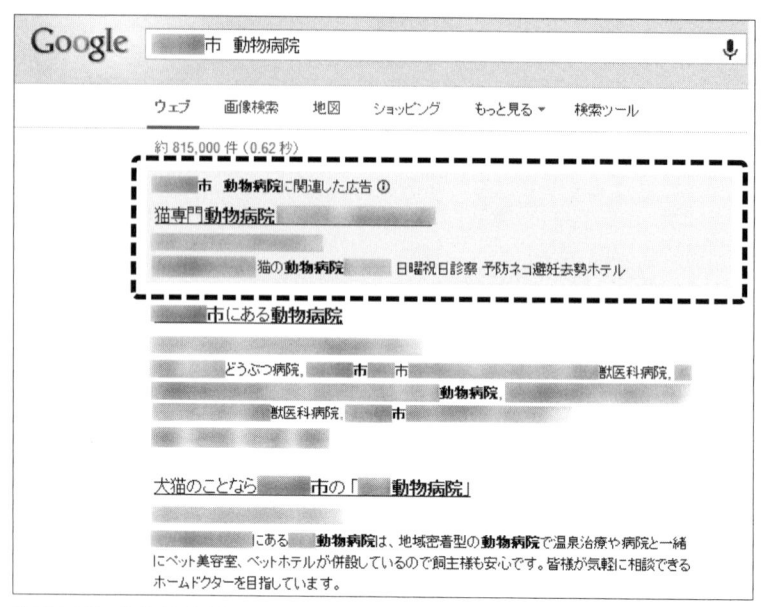

【図 5-10】点線枠内がリスティング広告。

表示させるサービスのことです。検索結果の上部に「広告」と記載された箇所が、リスティング広告を用いて広告を掲載している箇所になります（**図 5-10**）。広告を1回クリックするたびに広告費用が発生していく仕組みです。

このサービスは、①特定のキーワードを設定できる、②配信時間を設定できる、③配信地域を設定できる、④1日・1カ月ごとの予算を設定できる、⑤比較的競合が少ない中で運営できる、という特徴があります。クライアントは特に、①得意診療科目・夜間救急の訴求、②求人の訴求、の2つに使用している傾向があります。

先述したように、一般的には検索結果で上位に表示させることは難しいこともありますが、リスティング広告を利用すると広告枠として上位に表示できるようになります。動物病院業界では、まだリスティング広告を利用している競合は少ないため、早めにはじめられると良い結果になるでしょう。ただし、このサービスは広告という扱いになるため、獣医師法の広告規制の対象になります。はじめる場合には、広告文章などが規制に沿った内容であるかをよく確認する必要があります。

経営コラム

ステージ別検診のススメ

今後の高齢犬対策として、ステージを意識した訴求が重要になると考えています。7歳以下の犬の飼い主さんに対し今のうちから啓蒙していくことで、シニア層になってからも健康診断などに対する意識を高めることができるでしょう。啓蒙には時間がかかりますし、意識が低い飼い主さんにはじっくりと啓蒙しなければいけません。まずは反響を意識しすぎず、将来を見据えた活動と考えて取組んでみてはいかがでしょうか。

■ **ステージ別健康診断のご案内。**

3〜5歳 アダルト検診 → 5〜7歳 プレシニア検診 → 7歳〜 シニア検診

ホームページのサマリーページ作成

ホームページのアクセス解析を行う機会が多くありますが、平均PV（ページビュー）数は3.2程度という結果がでます。これは、飼い主さんが病院のホームページをみた際に、平均して3.2ページしか閲覧していない、ということです。つまり、飼い主さんに伝えたい情報をいかに「3ページ」以内に凝縮するかということが必要になります。しかしながら、病院の特徴を十分に伝えるためには、10ページを超える量が必要になってくると思います。

そこで最近は、ホームページの各ページ内容を抜粋してまとめた「サマリーページ」を作成するクライアントもいます。飼い主さんの興味次第で各ページに進み、詳細な内容をみていただくことができます。

紹介のレベル

動物病院にとって、紹介による来院は重要です。紹介は技術やサービスが認められ、かつ紹介してくださった方にリスクが発生しない状態で能動的に発生するものです。受動的な紹介は聞かれて答えるレベルですが、能動的な紹介レベルは誰かに話したくなるレベルです。

つまり、紹介を増加させることは能動的な紹介を増加させるということであり、そのためには、信頼されることがベースになければいけません。さらに、発信されるようなレベルにまでならないと紹介の増加は難しいでしょう。「紹介」は病院の本質が問われることでもありますので、一度突き詰めて考えてみるべきかもしれません。

第6章

リピートのための方策

> **Point！**
> 1. 上位2割の飼い主さんが売上を支える時代ではなくなった現在、上位2割以下の層をつなげていくことが課題となる。
> 2. 飼い主さんの定着には3回安定、10回固定の考え方が重要であり、この回数までに満足してもらえるかがポイントとなる。
> 3. リピート率を向上させるために、自院で取組んでいる具体策はあるか。

　動物病院にとって、飼い主さんに定着してもらうことは、非常に重要です。やはり、「延べ患者数」（＝来院患者実数×平均来院回数）が安定していなければ、経営において支障がでてきます。延べ患者数に重要なのは、①初診で来院した飼い主さんが定着してくれること、②定着した飼い主さんが定期的に回数を重ねて来院してくれること、この2つです。

1. 初診の飼い主さんの定着

　初診で来院した飼い主さんが定着してくれるためには、初診対応が重要になってきます。受付での対応、問診、そしてインフォームド・コンセントなどの内容で飼い主さんは次回も来院するかを決定するでしょう。動物病院によっては、初診の飼い主さんに対して「初診セット」といったパンフレットなどを用意しているところも多いと思います。ただし、昔は初診＝子犬であることを前提に考えていたため、パンフレットなどの内容が来院動物の年齢層とマッチしていないケースもでてきているようです。意外とこのような状況に気づかずに、昔からのルーチンで「初診セット」を渡しているクライアントがあることも事実です。もし、「初診セット」などを用意しているのであれば、一度、内容を見直してみてはどうでしょうか。

　図6-1は、初診の飼い主さんへお送りするDMの例です。このDMの目的は、自院のことを思いだしてもらうとともに、病院との距離感を縮めることにあります。脳科学の世界で知られている「エビングハウスの忘却曲線」というものをご存じでしょうか。これは、人は覚えたことを1時間後には56％、9時間後には64％忘れるという研究結果です。つまり初診の翌日には、前日の診療内容などを忘れている方が多いともいえるのです。そのため、自院のことを思いだしていただくためにも、初診の飼い主さんに対してDMをお送りすることをお勧めしています。

　また、受付を含めた動物看護師などのスタッフの接遇力に対する飼い主さんの要望も高まっていると感じます。これは、接遇教育が浸透しだしたことで、多くの動物病院の接遇力が上

第6章　リピートのための方策

がってきていることと、企業病院の参入によって一般企業レベルの接遇力が徐々に広がっていることに起因しています。したがって、「動物病院だから許される」という昔のような甘えからくる接遇力では、飼い主さんには支持されにくくなっていると思われ、今後さらにこの傾向はつづくと予想しています。

そのほかにも初診の時には、必要な予防獣医療の啓蒙、来院する必要性や楽しさなどを訴求することも大切です。**図 6-2** は、予防スタンプカードというツールの例です。来院した時にこのようなスタンプカードを渡し、2 回目以降の来院の動機づけを促しています。また、ボーナス項目をつけることで、病院として力を入れている項目を実施してもらいやすく工夫されています。このようなカードを用いる目的は、スタンプを集めることを動機づけにして来院を促すことにありますが、この背景には今までのように「意識の高い飼い主さんだけに支持されれば

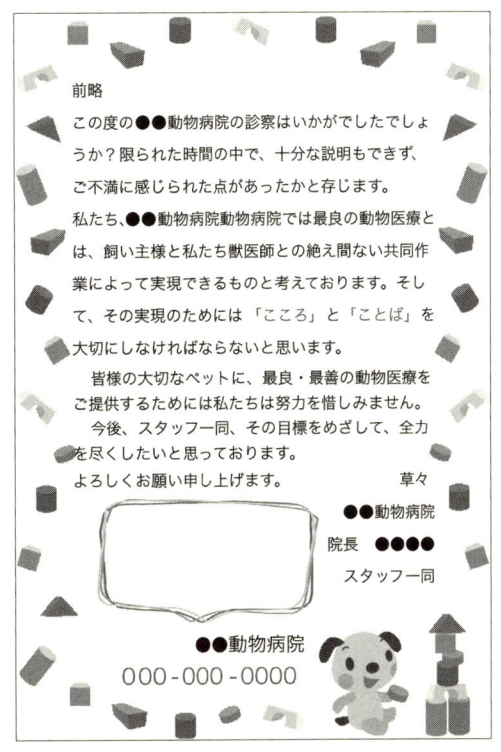

【図 6-1】 初診の飼い主さんへお送りする DM の例。

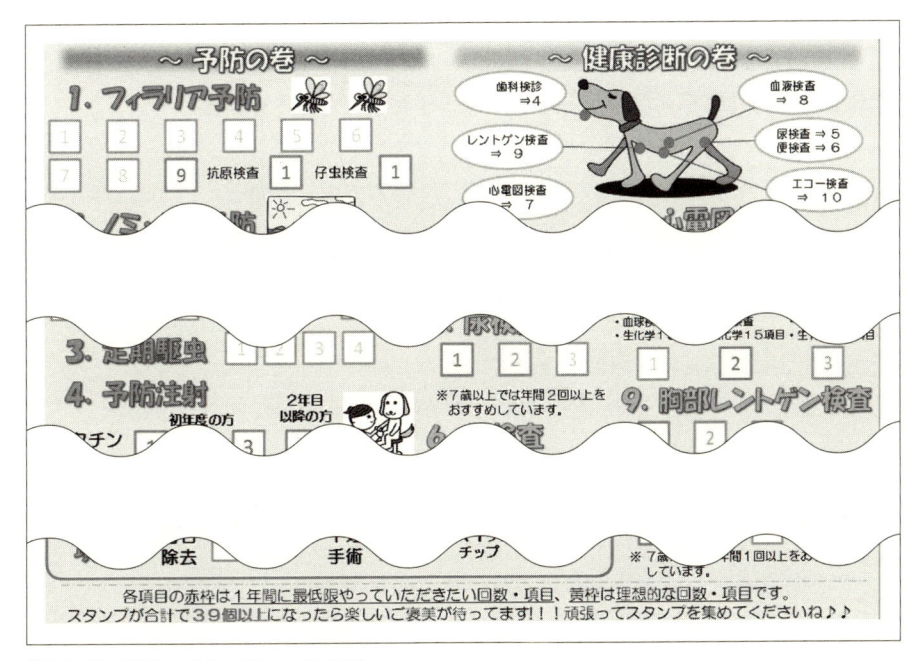

【図 6-2】 予防スタンプカードの例。

51

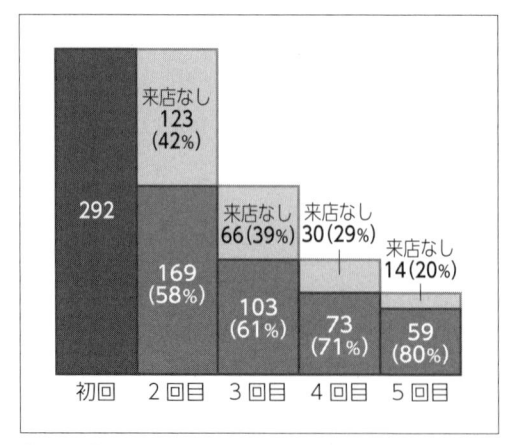

【図6-3】来院率。
サスティナコンサルティング調べ

良い」ということでは経営が成り立ちにくくなっていることも理由にあるでしょう。

以前は、「飼い主さんの上位2割が8割の売上を構成する」という考え方の経営でも十分でした。しかし、意識レベルの高かった昔の2割の飼い主さんは急速に減少しています。これはペットの高齢化や死亡、可処分所得の減少などにより、上位2割のボリュームや飼い主さんの質が変化してきていることが原因です。したがって、上位2割以下の層を大切にし、つなげておくことができるかどうかが非常に重要な課題になってきます。

2. かかりつけ医としての定着

定着した飼い主さんが定期的に回数を重ねて来院してくれることは、非常に重要です。3回安定、10回固定という考え方がありますが、いかにして3回来院、10回までつづけて来院してもらうことができるかが大切になってきます（**図6-3**）。この回数までに飼い主さんに満足していただくことができなければ、昔以上に転院する可能性は高まるでしょう。なぜなら、昔以上に病院数が増えているからです。嫌な思いをしたとしても、近所にほかの病院がないので我慢して行っていたという飼い主さんは、以前は多数いらっしゃったと思います。しかし、病院数の増加によって、気に入らなければ転院も容易にでき、また予防と治療の目的に応じて2つ以上の病院を利用する、さらにはセカンドオピニオンとして他院を利用している飼い主さんは増えてきていると感じます。これは、人間が病院と付きあう感覚で考えれば、いたって普通のスタンスです。

患者である動物としっかりと向きあい、その患者のデータを把握しているということも、根本的なリピート率向上策となります。「かかりつけ医」としてのスタンスと、「かかりつけ医として認識してもらっているか」、ということがまずは重要になるでしょう。

3. リピート率向上策

図6-4は、血液検査の結果を渡す時に使用するツールの例です。過去のデータを併記することでデータの比較ができ、どのような結果、そ

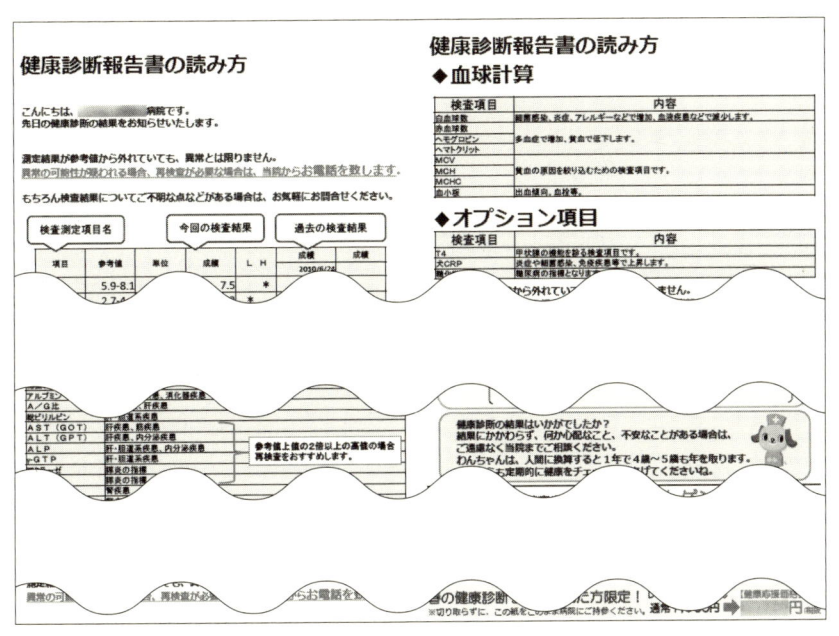

【図6-4】血液検査結果の例。

【図6-5】トリミングショップで使用しているツールの例。

してそれがどのように表現されるかということも明確に分かるように作られています。

図6-5は動物病院に併設しているトリミングショップで使用しているツールですが、来院していただいた飼い主さんにカードをお渡しし、そのメッセージは回数を重ねるごとに変えているという例です。2回目、3回目の来院でカードのメッセージを変えていき、提供する情報も変化させています。また、次回のカット目安時期を提示することにより、カットのリピート意

■PART 2　マーケティング

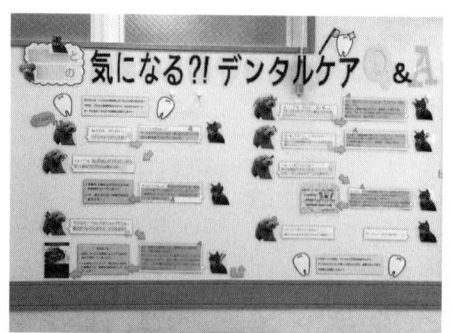

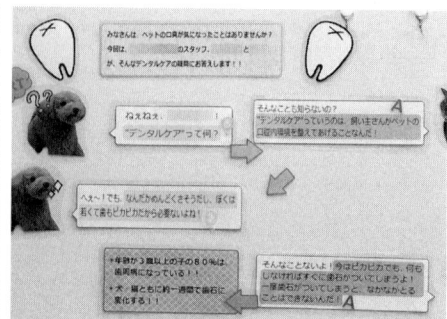

【図6-6】 デンタルケアの啓蒙を目的とした掲示。

識を高めています。飼い主さんにとっては単純に、「来院が3回目だと分かってくれている」という喜びもあり、これをきっかけに病院に定着することもあると感じています。

また、リピート率を向上させるために、フィラリア後の企画としてデンタルキャンペーンを開始しているクライアントもあります。これまではデンタルチェックキャンペーンを行うことで、飼い主さんへの啓蒙を行っていましたが、**図6-6**のようなデンタルケアの啓蒙を目的とした掲示を行った例をご紹介します。院内犬と院内猫の2頭の掛けあいによる、ストーリー形式でデンタルケアについて学べるとても面白い内容で、来院された飼い主さんも非常に興味深く読んでいるとのことでした。掲示というと一般的にはポスターをイメージしがちですが、今回は待合室担当の動物看護師に掲示方法も自由に任せた結果、これまでにないアイディアが生まれたとても良いケースだと思います。デンタルケアの声掛けを診察の際にももちろん行っていますが、デンタルグッズの販売や歯科検診のために来院する飼い主さんは増加しており、良い結果がでているということです。

ほかに再診数を向上させる方法として、次回の診療目安日を具体的な日付（○月○日など）でお伝えする手法がありますが、そのポイントは「1週間後」などの曖昧な表現ではなく、具体的な日付で伝えることです。さらに、カードサイズの紙に書いてお渡しするとより効果的でしょう。

図6-7は上記の手法を一歩進めた方法で、このようなノートや専用のシートを用意します。飼い主さんにお伝えした来院目安日に、飼い主さんのカルテNo.と名前を記載しておきます（場合によって、日付だけではなく午前・午後などの目安もお伝えしておくと良いと思います）。担当医制をとっているのであれば、獣医師ごとにノートを作成されても良いでしょう。お伝えした来院目安日の当日に来院があれば「青のライン」、来院がなければ「ピンクのライン」などとルールを決め、再診の状況などを把握していきます。しっかりと管理をしているクライアントでは、来院されていない飼い主さんへお電話をして様子を伺っているところもあります。

人間は1週間後には77％のことを忘れているともいわれていますので、最後まできちんと治療を見届けるためには、来院状況を把握し、まだ来院していない飼い主さんへ対応していくという取組みも今後は必要になってくるでしょう。また、この手法は飼い主さんとの関係性の強化にもつながると感じます。

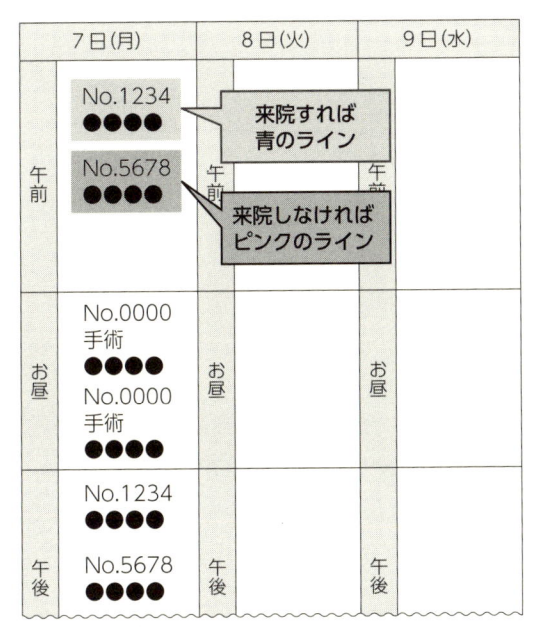

【図6-7】患者の来院目安日を記録しておくシートの例。

【図6-8】「1歳児健診」のDMの例。

4. 幼齢期の患者に向けたDM

シニア層向けの企画だけではなく、将来につなげるための取組みとして幼齢期の犬・猫を対象とする企画の強化も大切です。図6-8は「1歳児健診」のDMの例です。この年代は病気にならない限り、ワクチンなどの予防接種の目的でしか来院しないことがほとんどです。そのため、数少ない来院の時期であるワクチン接種時にあわせて健康診断を実施することで、早めに健康診断を受ける経験をしていただき、その習慣をもってもらうことが理想でしょう。

また、健康診断の名称も「1歳児健診」などのように、人の医療とあわせた表記にすることで、受診の必要性を感じていただくことができるかもしれません。

5. DMの外注

最近はDMを病院内で作成・印刷するのではなく、外注するケースが増えており、その方がコストも安くなるようです。表6-1は外注業者の種類を分類したもので、①〜⑤のようなパターンで業務を行ってくれるところがあります。実際に、A4サイズのDMを作成されるクライアントは増え、印刷や発送を外注しているという病院も増えています。以下に、外注の流れを簡単にまとめましたので参考にしてください。

「制作」

印刷用のデータを業者が作成します。自院で用意した手書きのラフ案をもとにした作成も可能で、DMに入れたい要素などを伝えることで、デザインから全て作成してもらうこともで

【表6-1】DM外注業者の種類。

	制作	印刷	発送
パターン①	◎	◎	◎
パターン②	◎	◎	
パターン③		◎	◎
パターン④		◎	
パターン⑤			◎

きます。インターネットで「DM作成」と検索していただくと、様々な業者がでてきます。業者によってはデザインのテイストなどが違うこともありますので、過去の制作実績などをみながら、自院にあった業者を探してみてください。

「印刷」

自院で作成したテキストデータ、あるいは業者が作成したデータなどを印刷してくれます。また、表6-1のパターン④のように印刷のみに特化した業者もあります。特に自院で印刷データを用意できる場合には、非常に低コストでできるネット印刷というものもあります。インターネットで「ネット印刷」と検索していただくと様々な業者がでてきますので、自院にあうものを探してみてください。

「発送」

A4サイズのDMは、普通郵便ではなく定形外郵便やDM便などによる送付が一般的です。しかし、発送代行会社を通すと、これらよりも低価格で送付することができます。これは、発送代行会社がいくつかの企業のDMをとりまとめて発送することにより単価を下げることができるからです。また、住所リストをExcelデータなどで提供することにより、ラベル印字とラベル貼付も代行してくれます。こちらも「DM発送代行」とインターネットで検索すると、様々な業者がでてきます。自院の地域にある業者の方が、発送から飼い主さんの手元に届くまでの期間が短くなりますので、探してみてください。

このように外注業者を利用すると、フィラリア前の準備がかなり楽になります。500通を超える場合には、外注する方がトータルでかかるコストも下がる傾向にありますので、上手に活用してみてください。

経営コラム

飼い主さんの感情が動く時

　フィラリアや狂犬病の予防時期は、普段は病院に「行きたくない」と考えている飼い主さんが「行かなくては」という感情になりやすい時です。このように感情が肯定的にステップアップした時は、こちらからの提案を受け入れてもらいやすくなります。ぜひ、このような心理も意識して対策を練ってみてはいかがでしょうか。

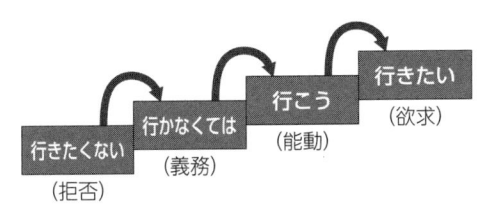

行きたくない（拒否） → 行かなくては（義務） → 行こう（能動） → 行きたい（欲求）

17秒間の重要性

　人間の記憶には、繰り返しによる「長期記憶」と、短い間のことを瞬時に記憶する「短期記憶」があります。短期記憶の上限は、予備知識なしで記憶できるのが17秒間といわれています。

　これを、飼い主さんへの説明にあてはめて考えてみます。どれだけ長く説明しても、単語やフレーズに分解され、17秒間の情報しか記憶されないということになります。したがって、話す側がどれだけ説明を長くしても、要領を得ていないと相手の記憶には残らないのです。情報を受信する側は、相手に短い間の記憶しか残らないことを意識して、要約して説明できる力をつける必要があるでしょう。これは、インフォームド・コンセント力を高めることにもなります。

第7章

サービス力アップ

Point！
1. リピート率を向上させるための根本的な要素は提供されるサービスにある。
2. 個人のホスピタリティレベルだけではなく、病院の仕組みとしてのホスピタリティレベルを上げることが大切である。
3. 利便性対策は病院の価値を高めることにつながる。
4. 猫の来院を促すためには、アピールだけでなく啓蒙活動をつづけることが大切である。

1. ホスピタリティの表現

　リピート率向上のためのツールについては、前章でいくつかの例をご紹介しましたが、リピート率を向上させるための根本的な要素は提供されるサービスにあります。これには、人が提供する概念として、ホスピタリティという言葉が使われ、「おもてなし」などと日本語で表現されるものです。このホスピタリティの概念は医療従事者にとってなじみ深く、多くの動物病院の院長もホスピタリティ向上に取組んでいると思われます。これは非常に良いことだと思いますが、このホスピタリティを理解しているという方はどのくらいいらっしゃるでしょうか。

　ホスピタリティのとらえ方、考え方は様々であるため、一概に理解することは容易ではないでしょう。ここで1つご紹介したい話題があります。以前に当社では、ディズニーランドでの合同研修を企画・提供したことがあり、ディズニーランドを運営する会社の講師から講義を受ける機会がありました。以下は、そこで紹介された仕組みとしてホスピタリティを高めている例です。ディズニーランドでは、園内を走る電車に向かってスタッフが手を振っている姿をよくみかけることがあると思いますが、これは、「アイドルタイム（接客相手がいない時間）は、電車が通過した際に手を振る」とマニュアルに記されているためだそうです。仕組みとしてホスピタリティが実践されていることが分かります。

　次に、あるクライアントが実践している、動物看護師のマニュアルの一部をご紹介します。**図7-1**は、「狂犬病の手続きにおける注意事項を明確に伝えること」を文章で表現しているものです。このようなマニュアルがあることで、結果として本人の資質ではなく、仕組みとして病院のホスピタリティレベルが上がることにな

○○区に住んでいる飼い主さんへの対応

・「こちらで登録できますが、まとまってからもっていきますので1カ月以上先に予防注射済票をご自宅に送らせていただくことになります。もし、お急ぎでしたら、ご自身で保健所におもちください」と電話または受付で対応すること。

【図7-1】狂犬病の手続きにおける注意事項マニュアルの例。

第7章 サービス力アップ

【図 7-2】怖がりの猫に配慮したサービスの例。

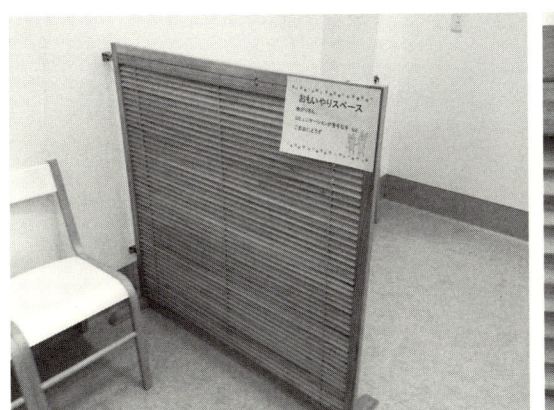

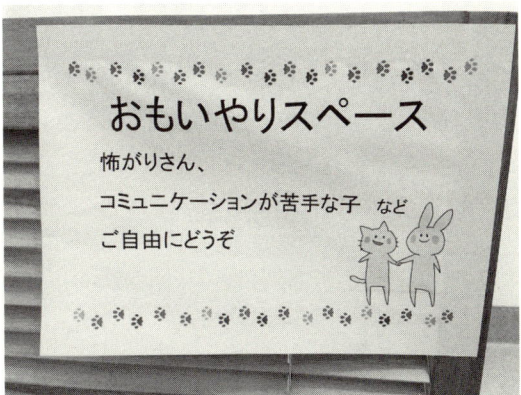

【図 7-3】「おもいやり」という言葉を添えたスペースの設置例。

ります。

　もちろん、個人のホスピタリティレベルを上げるために、気づきを与えていくことも重要です。ただ、院長の思うようにホスピタリティレベルが上がらない場合は、個人に原因を求めるだけでなく、病院全体の仕組みも考えた方が良いと思われます。**図 7-2**は、あるクライアントが怖がりな猫のために導入しているサービスです。また、**図 7-3**は「おもいやり」という言葉を用いてスペースを設けている例です。この言葉を使うと、このスペースを必要としない飼い主さんに対しても、間接的に「おもいやり」を気づかせていることになります。さらに、この言葉の存在によってスタッフたちも「おもいやり」を意識するようになります。このように、気遣いとともにサービスの存在をしっかりと表現することも大切になります。

　そのほかにも、あるクライアントでは子ども連れの飼い主さんのためにキッズスペースを設置されました（**図 7-4**）。非常に好評だった上、その周りの椅子には年配の方がよく座るようになったということです。きっと安堵感が生まれるスペースとして認識されているのかもしれません。ちなみにこの発案はスタッフからあった

59

【図7-4】子ども連れの飼い主さんのために設置されたキッズスペース。

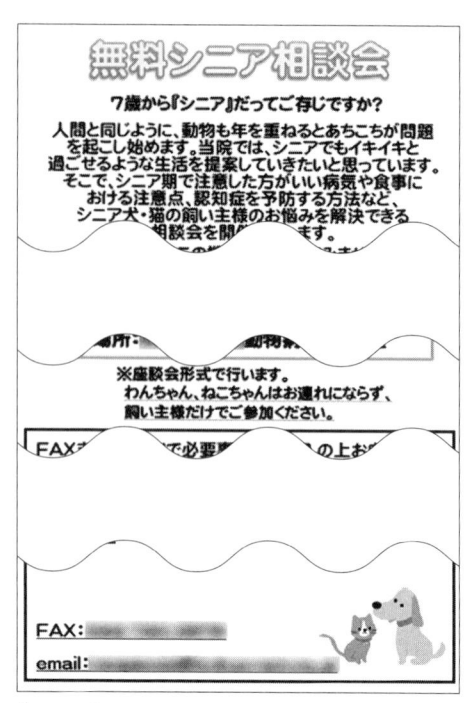

【図7-5】シニア相談会の申込案内例。

ということですので、ぜひ皆さんの病院でもスタッフのアイディアを引きだしていただきたいと思います。

2. セミナーや相談会のあり方

　飼い主さん向けの院内セミナーを実施して情報提供することはサービスであり、近年のインターネット普及においてはブログの更新も1つのサービスになるかもしれません。また、サービス内容の傾向としては、シニア層を対象にした情報提供を強化するクライアントも増えてきました。動物が高齢化してきている昨今、若い動物たちとは違う高齢ならではの注意事項が増えてきますが、それらを診察の際に獣医師などに質問できる時間は限られてしまいがちです。そのような飼い主さんは、情報交流のSNS（ソーシャル・ネットワーキング・サービス）サイトから情報を得ているケースも少なくありません。そこで、最近では「シニア相談会」という相談会を開催するクライアントが増えています（**図7-5**）。

　これまでシニア層向けのセミナーなどを開催していても、事前準備やコスト面の都合などにより継続することが難しく、実施しなくなってきたというクライアントも少なくありません。しかし相談会という形式であれば、事前準備は必要なく、参加人数を制限して待合室で実施すれば、コストも少なくて済みます。また、参加者がいない場合は実施しなければ良いわけですので、休み時間を有効利用することができます。

　サービスとしての情報提供のやり方・内容は様々ありますが、このようにサービスの概念を仕組みとしてとらえ、そのレベルを上げていくことも心がけていただきたいと思います。

3. 利便性対策

　飼い主さんにとっての利便性から、病院の価値を高めているケースも最近は増えてきています。利便性というメリットは、重要な差別化要素になりつつあると感じます。

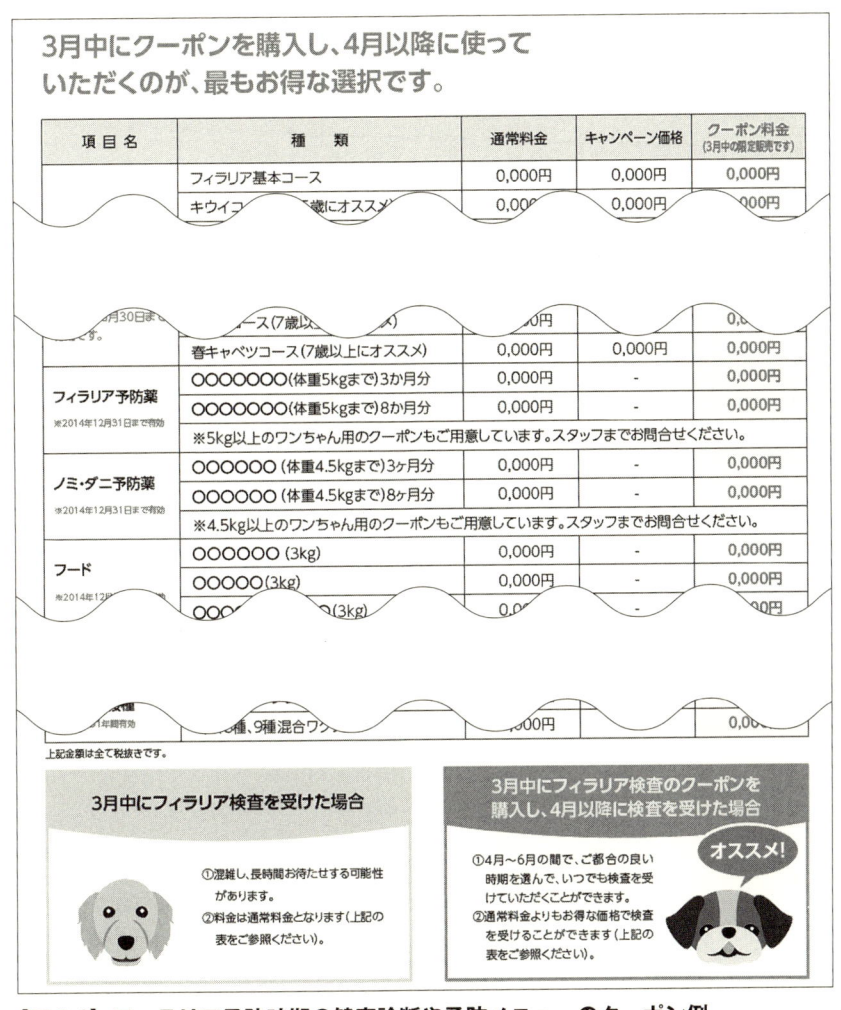

【図7-6】フィラリア予防時期の健康診断や予防メニューのクーポン例。

　例えば、受付後に外出された飼い主さんを携帯電話で呼びだしたり、ペットホテルを利用する際に待たずに預けていけるようホテルの料金を時間制にするといったサービスを導入することも1つの利便性対策といえるでしょう。

　また、クライアントの中にはフィラリア予防時期の健康診断や予防メニューをクーポンにし、3月時点で販売しているところもあります（**図7-6**）。3月時点でクーポンは購入できますが、各検査の実施や薬の購入は4月以降でも大丈夫という仕組みです。3月中にクーポンの購入のために来院する時は、ペットを連れてこなくても良いという利便性があり、また早割といった早い期間限定での予防、健康診断の実施により、駆け込みによる混雑を避けることもできます。さらに進んだクライアントでは、そのクーポンをファックスなどで申し込めば、クーポンチケットを代引き発送し販売するという仕組みも導入しています。これは「来院しなくても、検査や予防のクーポンが購入できる」という仕組みです。

　そのほかの利便性対策として、往診や訪問診

療も挙げられると思います。飼い主さんは「来院しなくても治療を受けることができる」という利便性に対して価値を感じます。あるクライアントは往診病院を本格的に始動しました。これは、地域の飼い主さんや動物たちに対する使命感からはじめたものです。しかしながら、往診病院を利便性対策の1つにイメージされる院長は多いかもしれませんが、構想してみると様々な要因がでてくるため、実行するまでに至らない方が多いのも現状です。事実、訪問診療は非常に採算が取りにくい手法です。往診料などで若干の単価アップをしていても、人件費や車両費など様々な要素でコストがかかるため個宅訪問では採算があいません。そのため、賛否両論はありますがペットショップなどに伺い、飼い主さんを集めて予防接種などを実施する方法であれば、時間効率も良く、採算は取りやすいでしょう。しかし、これは非常にデリケートな問題であるため、この手法に関しては読者の判断に任せることにします。ただ、1ついえることは採算だけではない、これからの未来を見据えた挑戦でもあるということです。今後、このようなチャレンジする取組みが必要となる時代がくると考えています。

4. 猫対策

(1) 猫の来院を促す

高齢化やペット販売の減少によって、犬の飼育数がどんどん減少していることは周知の事実です。一方で、飼育数が増えている猫に対してアプローチしようという動物病院は多くなっています。ただし、猫の飼育数の増加は犬の減少数以下ですので、犬の減少を補完できるほどではありません。したがって、どれだけ早く地域の猫の飼い主さんに支持され、多くの猫の来院を促すかということが非常に重要になってきます。

猫の飼い主さんに最も支持されるのは、やはり猫専門の病院でしょう。病院内で犬と一緒になることがないため猫のストレスは少なく、また猫に関して特化しているためノウハウも蓄積しやすいといえます。そのため、猫の分院を作るクライアントもあり、今のところ猫専門の病院は珍しいことから優位性をもつことができています。しかし、分院を作るとなると人員確保やオペレーションなどの面での負担もあり、実際に猫専門の病院をもつことができるクライアントは多くはありません。

そこで最近では、病院をリニューアルし猫専用の診察室を作るケースが増えてきています。トリミングスペースなどのような面積の割には生産性が低い場所は意外とあり、その部分を圧縮し、新たに生産性が高い猫専用の診察室を確保していくという考え方です。「猫が犬に会わないで診察できる」ということが非常に大切になります。これまでは、猫専用の待合室をパーティションで区切って設けていたケースもあり、飼い主さんには喜ばれているようですが、これだけではそれほど大きなインパクトにはなっていなかったようです。

また、トリミングにおいても「猫のトリミングはしているけど、あまりPRしていない」というクライアントは多いようです。猫のトリミングでは鎮静剤が必要な場合が多く、トリマーがあまりやりたがらないという背景もあります。しかし、病院に併設したサロンであれば、鎮痛剤を使用して猫のトリミングをすることへの抵抗感は少なくなり、さらに飼い主さんが苦手とする尿検査などもあわせて実施することができます。猫のトリミングをアピールすることは、今後、1つの切り口になる可能性があるで

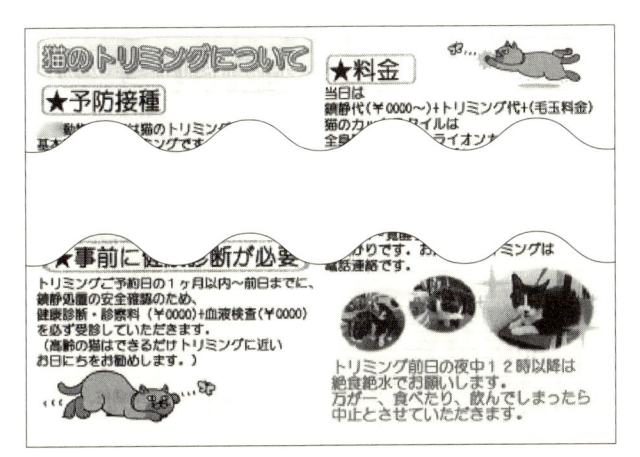

【図7-7】猫のトリミングをアピールした掲示の例。

【図7-8】アピール型アンケートの例。

しょう（**図7-7**）。

では、自院での取組みをうまくアピールするにはどうしたら良いでしょうか。**図7-8**は「アピール型アンケート」の内容例です。クライアントの中には、アピール内容を発信することに抵抗を感じる院長も少なくありませんが、このようにアピールしたい項目をアンケート形式で伝えることで、飼い主さんに気づいてもらえるようにしています。アンケートは記入する時にしっかりと質問項目を通読することになるため、飼い主さんの印象に残りやすく、分析すればその結果をさらにアピールする材料として転用できます（**図7-9**）。そして、情報の分析をもとにアピールを行っていけば、飼い主さんからの信頼を得ることにもつながります。

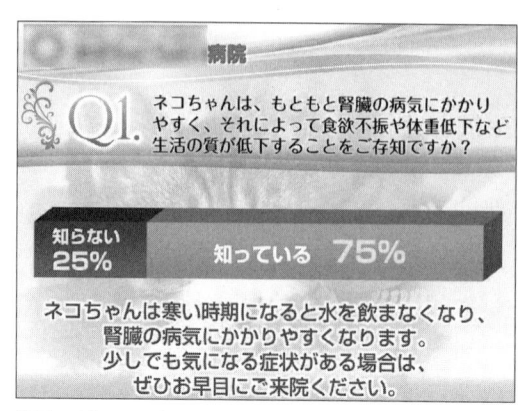

【図7-9】アンケート結果をまとめた院内ポスター例。

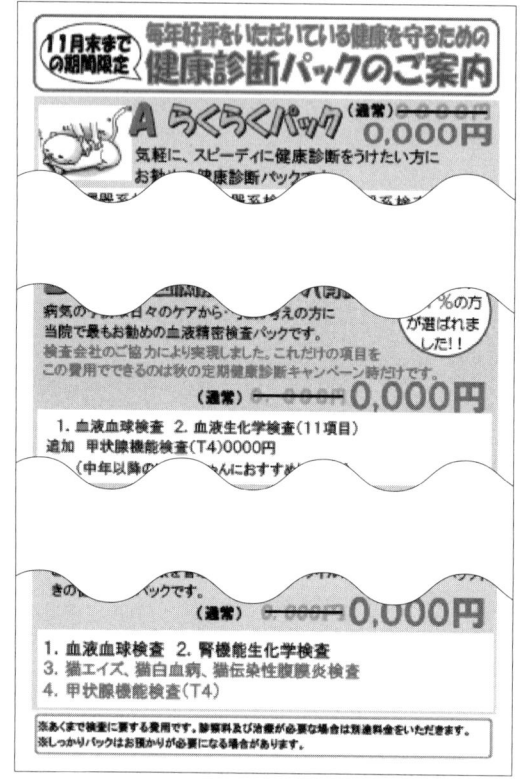

【図7-10】意識の高い飼い主さんを対象にイメージして作られた「健康診断」の案内例。

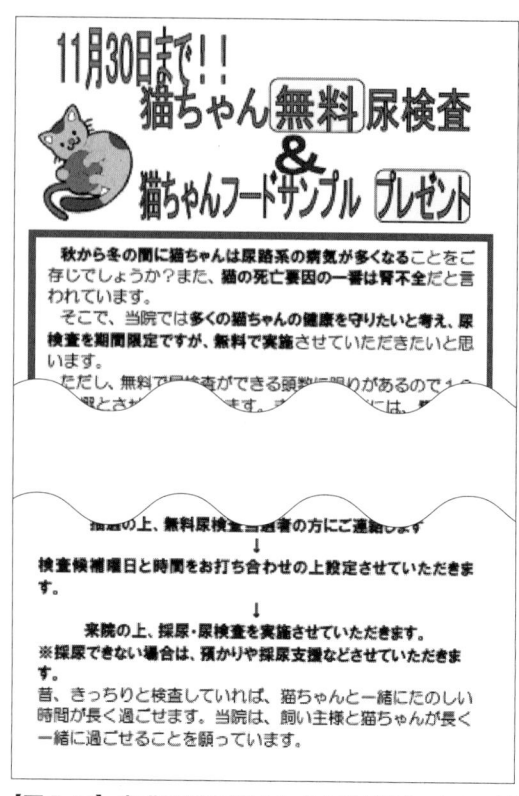

【図7-11】意識の低い飼い主さんを対象にイメージして作られた「尿検査の無料実施」の案内例。

(2) サービス内容の検討

ここでは、猫に対する健康診断と無料の尿検査について考えてみたいと思います。読者の方もお感じになっているかもしれませんが、猫のこれら検査への反響は犬にくらべて非常に低いといえます。反響だけを短期的に考えてしまうと啓蒙がつづかなくなり、健康診断そのものが終息することも多々ありました。しかし、それでも一般的な猫の健康診断は無料の尿検査より反響はあるようです。**図7-10**は、意識の高い猫の飼い主さんを対象にイメージして作られたDMの例です。一方、**図7-11**は無料の尿検査案内ですが、これは意識の低い飼い主さんを対象にイメージして作られたものです。採尿の難しさがあるため、反響はあまり期待できないかもしれませんが、実施しつづけることが啓蒙になります。まずは、猫の飼い主さんへの意識づけが必要といえるでしょう。

【図7-12】検査結果から分かることまでを詳細に記載した例。

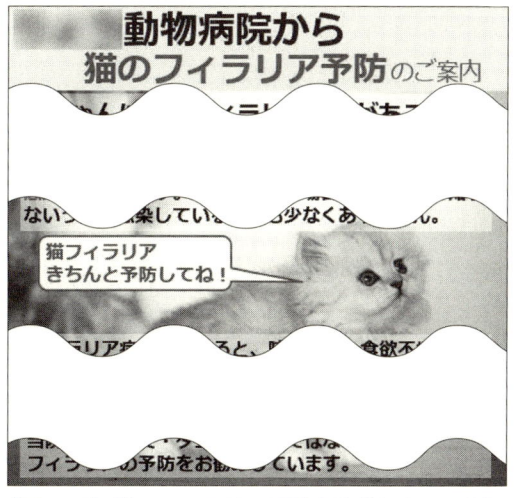

【図7-13】猫のフィラリア予防を啓蒙したDM例。

　図7-12は、実施した検査でどのようなことが分かるか、という部分までをしっかり表記している例です。猫の飼い主さんには神経質な方が多い印象があるようですので、発信する情報についても犬の飼い主さん向け以上に丁寧に対応する必要があるかもしれません。

(3)積極的な啓蒙活動

　図7-13は、あるクライアントが使用している猫のフィラリア予防のDMです。犬のフィラリア予防啓蒙は昔から積極的に実施されているため、犬の飼い主さんの認知度は高いですが、猫の飼い主さんはほとんど知らない傾向があります。中には、耳にしたことがあってもフィラリア症がどれほど危険な病気かを知らない、といったケースもあるようです。それをふまえて、「どのような病気なのか」「なぜ予防が必要なのか」を犬の飼い主さん向け以上に明確に記載する必要性を感じます。

　さらに、フィラリア予防に関してだけでなく、「猫の飼い方」についての情報発信もまだ少ないように思います。図7-14、7-15は、クライアントの有志で作られた、猫の飼い主さんに向けた「飼い方」「必要な予防」などをまとめた小冊子です。このようなツールを飼い主さんに配布し、知識を高めてもらう取組みを行っているクライアントもあります。このように、猫の飼い主さんに支持されるためには地道な努力を積み重ねていくことが非常に重要であり、真摯に努力していくことが1番といえるでしょう。

　そのほか、啓蒙活動をつづける大切さ以外に「最も啓蒙力をもつのは誰か」を考える必要もあります。それは"獣医師"からの説明であり、特に意識が低い猫の飼い主さんに対しては、しっかりと獣医師が説明を行い対応することが基本でしょう。

　あるクライアントに伺った際、待合室で待っ

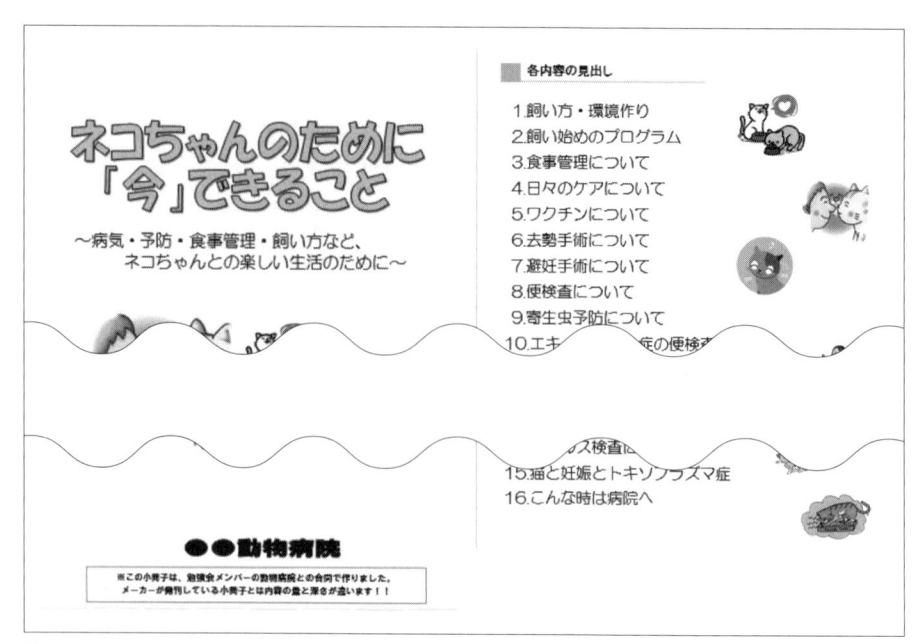

【図 7-14】啓蒙を目的としたリーフレットの例①。

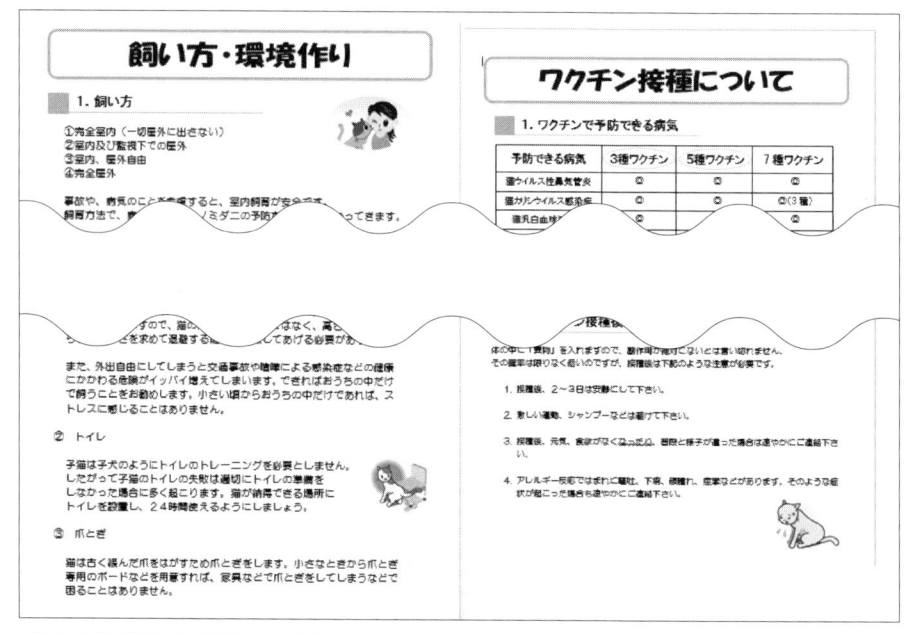

【図 7-15】啓蒙を目的としたリーフレットの例②。

第7章 サービス力アップ

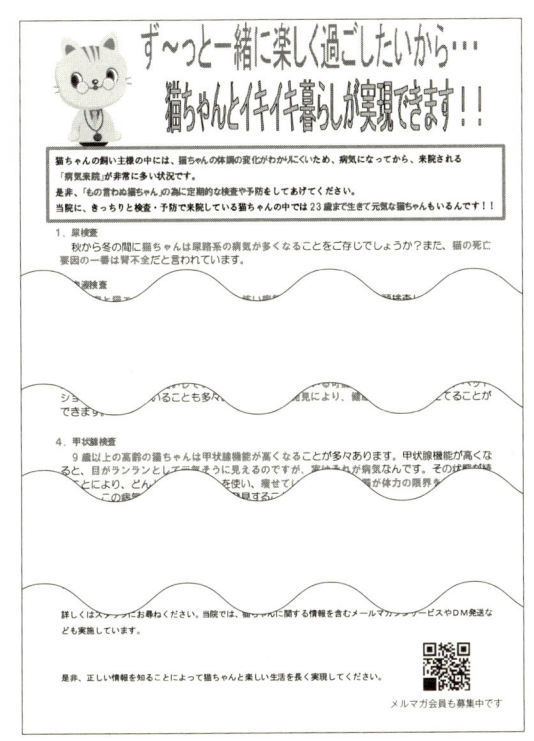

【図7-16】啓蒙とメルマガ会員募集を同時に行う例。

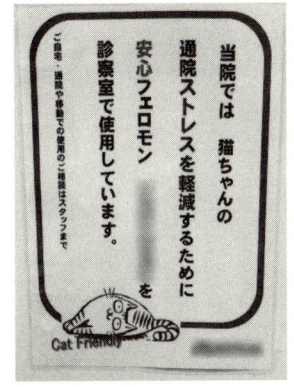

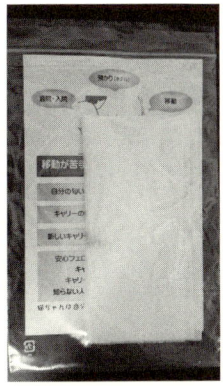

【図7-17】メーカーから提供された啓蒙ツールの例。

ていた筆者は、「猫のことはあんまり分からないから、色々教えてほしい」と飼い主さんが動物看護師に話している声を耳にしたことがあります。意識が低いことも背景の1つかもしれませんが、単に「知らない」ということもあるでしょう。特に冬季は、猫の飼い主さんが最も来院される時期だというクライアントは多いため、冬にかけて病院オリジナルの啓蒙ツールを整理していくことをお勧めします。掲示ポスターやリーフレットには、携帯メルマガのQRコードを入れ、メルマガ会員募集を同時に行うのも良いかもしれません（図7-16）。

病院オリジナルのものを作る時間は取れないという方もいらっしゃるかと思いますが、そのような時はメーカーから提供してもらえるツールを使用しても良いでしょう。図7-17は、商品サンプルとして、フェロモンをペーパーに染み込ませ、飼い主さんにお渡しできるようなツールまで用意されていた事例です。このようなサービスは、猫の飼い主さんにとって喜ばれるでしょう。

経営コラム

気遣いから生まれるホスピタリティ

天候が悪いにもかかわらず来院していただいた飼い主さんに対し、ちょっとした気遣いとして雨に濡れた時のためのタオルを用意しているクライアントがあります。雨の中、動物たちを病院に連れてくることは飼い主さんにとって大変なことかもしれません。その苦労をねぎらってあげるような気遣いも、ホスピタリティの1つといえるでしょう。

定番化

クライアントの中には、長年同じ企画を継続されている方もいらっしゃいます。10年以上にわたり、同じ時期に同じ企画を実施されています。このように定番化してくると、飼い主さんから催促されることもあるといいます。定番化することは力になりますので、ぜひ継続して飼い主さんの意識に刷り込まれていくことを目指してください。

猫の健康診断のDM

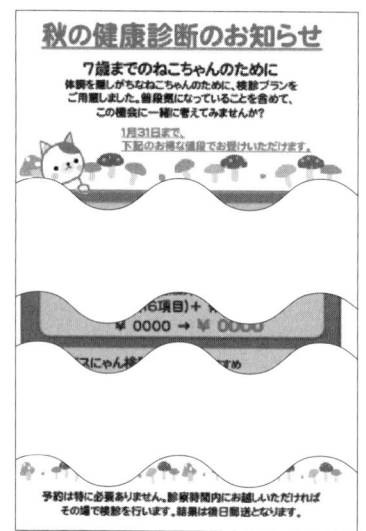

猫の健康診断を年に2回実施することを推奨しているクライアントでは、フィラリア予防時期が終わる頃に1回、冬季に1回の受診を促しています。猫の健康診断において、発送DM数に対する来院率は犬よりも低く、5％台になることも珍しくありません。そのような中、以下のDMはレスポンス率が比較的高かったケースです。ぜひ参考にしてみてください。

■猫の健康診断のDM例。

啓蒙活動と企画

猫の飼い主さんに対する啓蒙は、5年後を見据えた場合とても大切です。猫を対象にした企画例をご紹介します。

[猫ワクチン検診]

猫のワクチン接種時に行う健康診断を推奨するものです。健康診断のために来院するという動機がない飼い主さんでも、ワクチン接種はしっかり受けているという方はいらっしゃいます。そのような方に向けて啓蒙DMを発送するのも良いでしょう。

[猫健康チェックリスト]

あるクライアントでは、猫の分院を開業する際、既存の飼い主さんにDMを送りました。その際、健康チェックを割引料金で行う企画を実施したところ、2年ほど来院のなかった飼い主さんが来院されたということです。健康診断の重要性を説明したところ、ほかの検査も受診することになったそうです。改めて、地道に啓蒙する大切さを実感できる話だと思いました。

■猫健康チェックリストの例。

『猫ちゃんの健康診断・30項目チェックリスト』
獣医師がチェックします！

お名前＿＿＿＿＿＿＿＿ちゃん　　　　　　　　　　　　　　　月　　日

1	現在の体重	kg	体格スコア	1	2	3	4	5
				やせすぎ		理想体型		太りすぎ
2	体温	℃						

《目のチェック》

| 6 | さまつ毛はありませんか？ | 無 | 有 | 右目 | 左目 |
| 7 | 目の動きはどうですか？ | 正常 | 異常 | 右目 | 左目 |

《耳のチェック》

| 8 | 耳の中は汚れていませんか？ | きれい | 汚れている | 右耳 | 左耳 |
| 9 | 外耳炎はないですか？ | 無 | 有 | 右耳 | 左耳 |

| 26 | 心臓の音は正常ですか？ | 正常 | 異常 |

《関節のチェック》

| 27 | 歩き方、姿勢はどうですか？ | 正常 | 異常 |
| 28 | 関節に異常はありませんか？ | 正常 | 異常 |

料金　診察料（チェックリスト持参）　　　　　　000円
　　　その他のオプション検査
　　　糞便検査　　　　　　　　　　　　　　　0,000円←年に一度、お勧めします
　　　血液検査（血球検査＋生化学14項目）　　　0,000円←年に一度、お勧めします
　　　猫エイズ・白血病検査　　　　　　　　　0,000円

PART 2　マーケティング

第8章

単価アップの考え方

> **Point！**
> 1. 価格の値上げの背景に、飼い主さんが納得する要素はあるか。
> 2. 提案力を高めるためのツールは、今後より一層必要性が増していく。
> 3. 季節に応じた企画、次の来院を促すきっかけ作りに必要なポイントとは？
> 4. 取扱商品のバリエーションが増していく中、提案方法をどのように工夫すれば良いのか。
> 5. 独自性のあるメニューで訴求力を高め、単価アップを図る。

　単価アップのためには、単純な診療メニューあたりの価格を上げる、または1回の来院時に実施してもらう内容の増加などが対策として挙げられます。売上などの調子が良い動物病院の多くは、この単価アップができているケースが多く、特に高齢犬における単価アップが売上上昇の要因となっている傾向が強いようです。

1. 価格の値上げ

　単価アップのための最も単純な方策は、価格を上げることだと思います。自分たちで価格を決めることができる動物病院業界では、院長の考えで価格は決まってきます。当社では、クライアントの有志で価格情報をだしあい、クライアント同士が参考にできる資料を作っていますが、多くの動物病院は前に勤めていた病院での価格や獣医師会が提供している参考料金などを参考にして価格を設定しているようです。昨今はインフレ基調であり、多くの商品の物価が上昇していますので、このような状況下で値上げを実施しても、特に悪い印象にはならないでしょう。単価アップの方策として、価格自体の見直しを検討することも1つの経営手法になります。

　また、技術の修得や医療機器の導入により単価が上がってくることもあります。新しい技術を修得するためには、時間とコストがかかりますので、それに反映して価格を上げることは不当ではないでしょう。腹腔鏡などを導入したのであれば、適用した手術では料金が高くなるなど、相応の理由により価格が上昇することは多々あると思います。「満足感＝価値／価格」であるということを念頭におき、飼い主さんが納得するものであれば不当に高いということはない、という意識が重要でしょう。

2. メニュー化

　価格の値上げを補完する手法として、メニュー化があります。**図8-1**は、あるクライアントがフィラリア予防時期に用意している健康診断メニューです。新しく導入したオゾン療法を、フィラリア予防時期の健康診断メニューに

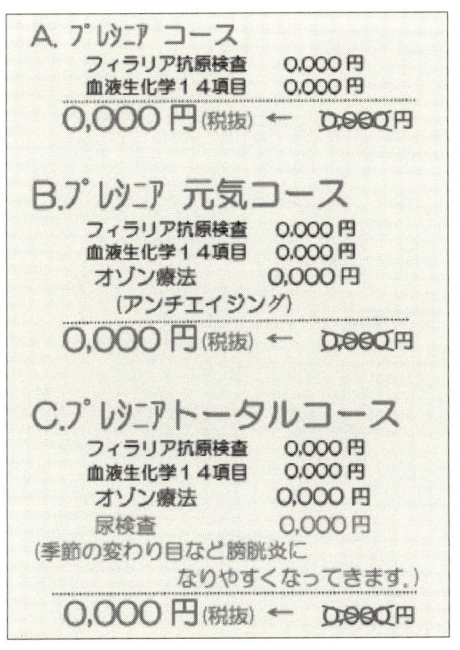

【図8-1】メニュー化で値上げを補完する例。

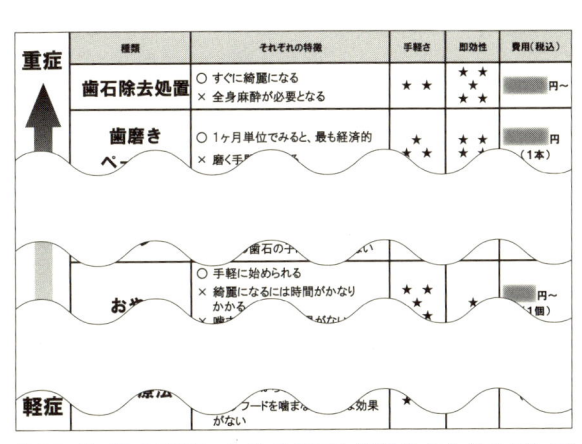

【図8-2】歯の状況に応じて必要な情報をまとめたパンフレット例。

組込んでいます。オゾンの効果を院長が認め、飼い主さんにも分かってもらいたいというところからはじめたメニューですが、結果、単価アップにもつながっています。飼い主さんにとっても、オゾン療法がメニューの中に組込まれていた方が選択しやすい、という効果もあるようです。

3. 提案力を高めるツールの活用

ツールを活用し提案力を高め、単価アップにつなげるということも大事なことです。図8-2は、歯の状況に応じて必要な情報が分かりやすくまとめられたパンフレットです。軽症～重症までの段階ごとに情報が書かれているため、飼い主さんがペットの状況について説明を受けた後に、適切な処置を希望する可能性が非常に高くなります。中には、重症だけどスプレーするだけの対処で十分、という飼い主さんもいらっしゃるかもしれません。しかし、その効果の目安が「★」の数で表されているため、多くの飼い主さんは自分のペットにより適した選択をするでしょう。料金を気にされている飼い主さんでも、このようなツールを用いて説明を受けると納得しやすいものになります。

図8-3は、トータルコスト提案型健康診断リーフレットの例です。収入が減少している経済状況においては、健康診断は必要だと考えていても、コストを心配して健康診断を受けない飼い主さんは多々いらっしゃるでしょう。そんな時こそ、このようなリーフレットの必要性は増し、この先、消費者のコスト意識がさらに高まってくる増税時期にも役立つと考えています。

4. 企画によるアピール

(1) フィラリア予防

フィラリア予防時期も終盤に差しかかる頃、まだフィラリア予防に来られていない飼い主さんに対して来院を呼びかける、いわゆる「フォローDM」をだされるクライアントもいらっしゃいます。メッセージ内容は病院ごとに異な

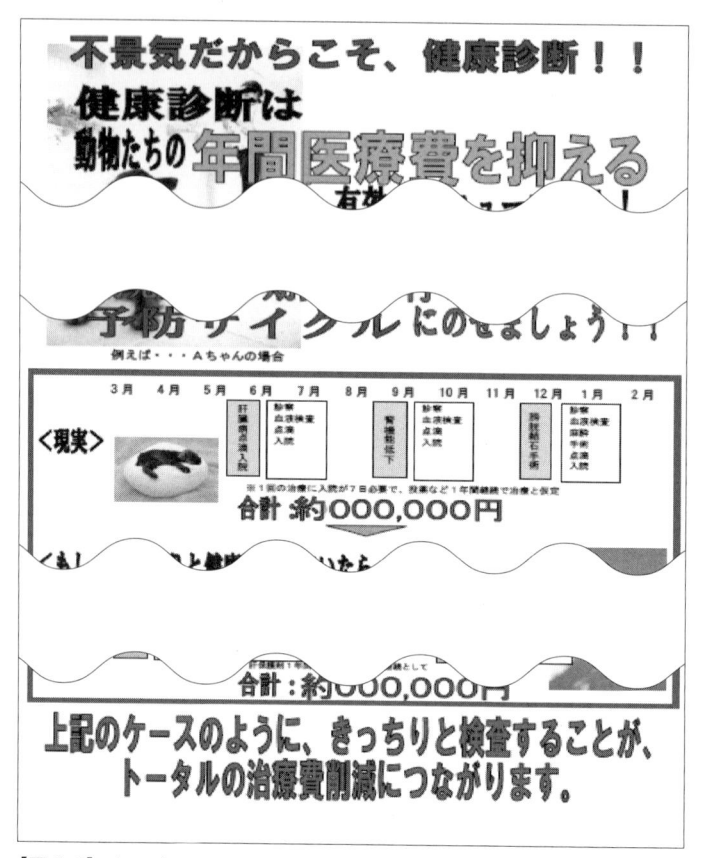

【図8-3】トータルコスト提案型健康診断リーフレットの例。

りますが、この時期になってもフィラリア予防に来られない方がターゲットとなりますので、極力分かりやすく、シンプルな内容にすることを第一にして、メッセージを作成してみてはいかがでしょうか（**図8-4**）。

あるクライアントは、注射によるフィラリア予防を実施しており、その利便性をシンプルにアピールすることで、フィラリア予防は面倒だと感じている飼い主さんへの訴求を行っています。ほかには、フィラリア症の怖さを知ってもらうために、フィラリアが心臓に感染している写真をあえて掲載し、予防を呼びかけるクライアントもあります。

飼い主さんに少しでも予防に前向きに取組んでいただくために、メッセージの伝え方を工夫する知恵を絞る必要があるでしょう。

(2)検査結果を活用した個別メニュー提案

フィラリア検査ための血液検査にあわせて、健康診断を受けることが定着してきています。近年は高齢動物が増えてきていることもあり、検査結果で再検査が必要となる動物も多いようです。こういった動物に対しては再検査を勧めることで再来院を促すことができますが、一方で検査結果に異常がない動物の場合は、今後何かない限り病院へ来る機会をもたなくなってしまいます。そこで、再検査の必要がない動物に対して、次に行うべき取組みを獣医師が個別提

第8章　単価アップの考え方

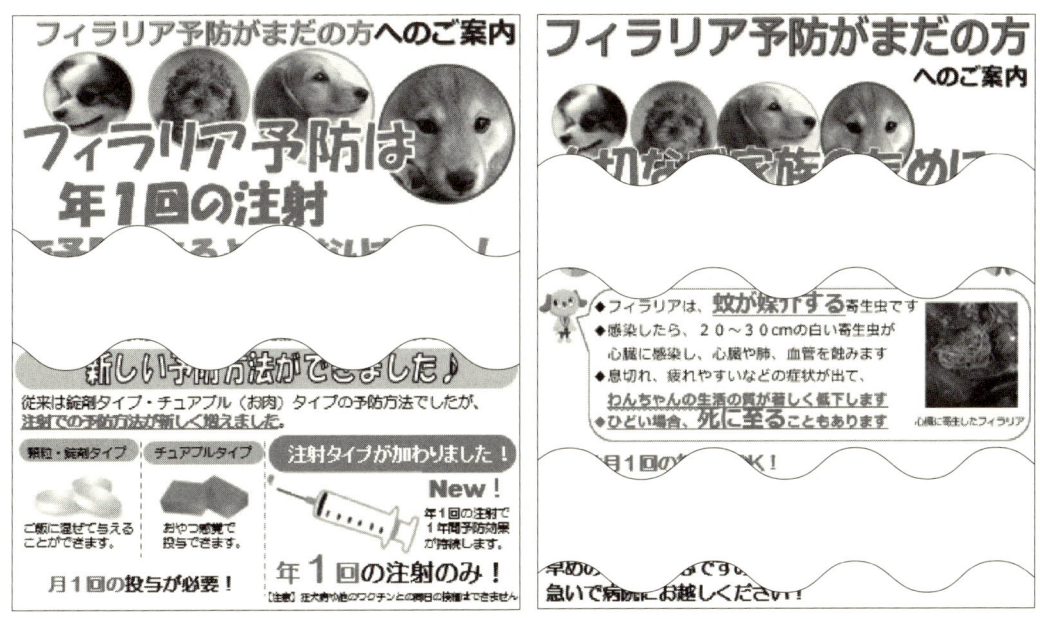

【図8-4】フィラリア予防に来られていない飼い主さんに向けた「フォローDM」の例。

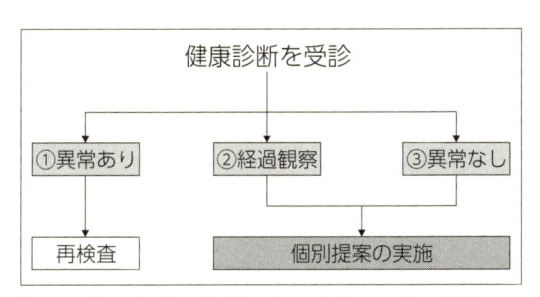

【図8-5】再検査が必要のない患者への個別提案。

【表8-1】個別提案メニューの例。

	分野	内容
1	循環器	①胸部レントゲン　②エコー
2	肝臓	①聴診　②エコー
3	腎臓	①聴診　②エコー
4	関節・骨格	①関節レントゲン
5	皮膚	①シャンプーケア　②皮膚検査
6	肥満	①食事療法（フード提案）
7	デンタル	①スケーリング　②デンタルケア
8	グルーミング	①耳掃除　②爪切り　③肛門腺

案するという方法をご紹介したいと思います（**図8-5**）。これは再検査が必要のない動物に対して、用意している個別提案メニューの1つを獣医師が選択し、提案するものです（**表8-1、図8-6**）。血液検査の結果は飼い主さんの保管率も高いため、結果を郵送する際に添付すると、非常に良い告知媒体になると思います。

フィラリア予防に伴う繁忙期も落ち着くと、一息つきたくなるかもしれません。しかし、フィラリア検査や同時に行われる健康診断を受けた飼い主さんにとっては、検査結果を受け取った直後でもあり、ペットの健康への関心が比較的高まっている時期だともいえます。したがって、この時期からレントゲン検査など血液検査以外の検査キャンペーンを実施することもお勧めです（**図8-7**）。予防に前向きな飼い主さんを応援するという意味で、フィラリア予防時に健康診断を受けた方には特別割引を設定するなどの工夫があっても良いでしょう。

PART 2　マーケティング

【図 8-6】個別提案シートの例。

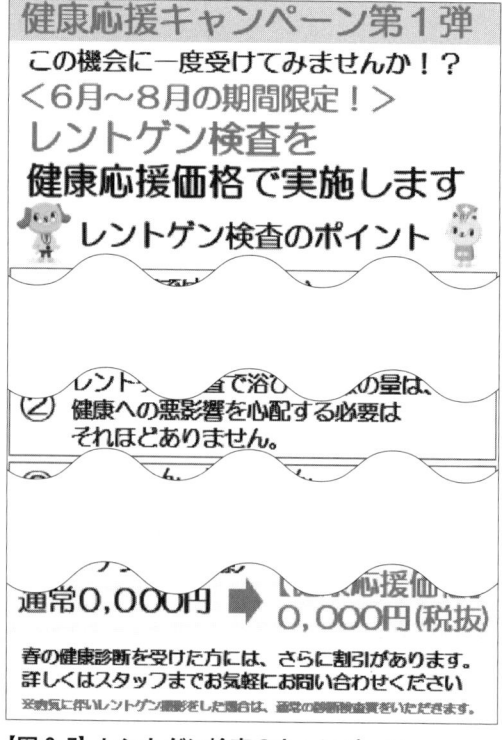

【図 8-7】レントゲン検査のキャンペーン、院内掲示例。

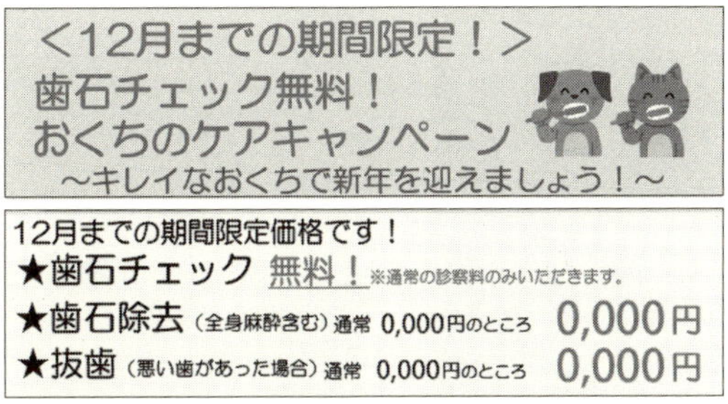

第8章　単価アップの考え方

【図 8-8】デンタル関係のキャンペーン例。

(3) デンタル関係

　閑散期の売上を下支えする企画として、デンタル関係の企画はどの病院でも取入れやすいものの1つだと思います。しかしながら、歯石取り(スケーリング)は多くの飼い主さんにとって「高い」と感じる価格設定であり、いくらかの値引きをしたとしても、あまり反響がでないことも少なくありません。またDMやポスターなどの限られた紙面では、デンタルヘルスについての啓蒙をするにも限界があります。そこであるクライアントでは、より多くの方にデンタルヘルスへの関心をもってもらうところからはじめようと「無料歯石チェック」を実施しました(図8-8)。まずは無料で歯石をチェックさせてもらい(通常の診療の中で実施しているような視診)、歯のことについて飼い主さんと話す機会を作り、そこから動物の状況にあわせて、デンタルグッズやスケーリングを勧めるという流れです。これにより、獣医師からペットの歯の健康について直接かつ具体的に話される機会ができるため、結果としてスケーリングなどを希望される飼い主さんも増えたとのことです。デンタル関係のキャンペーンをお考えであれば、ぜひ検討してみてはいかがでしょうか。

5. 取扱商品の提案方法

(1) プロモーション手法

　ついで買いを誘う、高単価も期待できる商品の訴求方法として、プロモーション手法をご紹介します。これは、飼い主さんのちょっとした空き時間を活用するもので、受付カウンターの上にデジタルフォトフレームを置き、そこで商品の紹介スライドを流していく方法です(図8-9)。この手法の良い点は、飼い主さんの興味の度合いが客観的にみて分かるということです。人は「動き」のあるものに反応しやすいという傾向があり、このデジタルフォトフレームを設置すると多くの飼い主さんがそちらを注視するようになります。そのみている様子に応じて「ご興味ありますか？」などと声かけをしたり、説明を行ったりすると非常に有効です(図8-10)。

　ある商品のお勧めに病院全体で取組もうと意識していても、スタッフの心境としては実際のところ勧めにくいこともあります。飼い主さんに売り込みしているように感じられるため、なかなか積極的にはできないものです。しかし上記のように、飼い主さんの興味動向に応じてどのような対応をするかをまとめておけば、一貫性のある商品のお勧めができるようになります。実際にこの手法を用いたところ、1万円前

【図8-9】デジタルフォトフレームを利用したプロモーション手法。

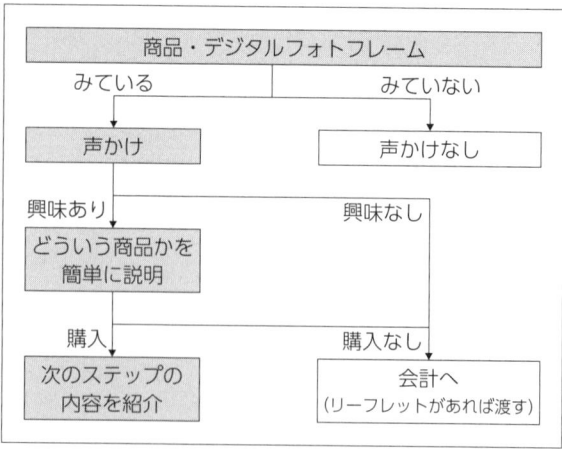

【図8-10】飼い主さんの興味動向に応じた対応フローを用意すると良い。

後という高単価商品にもかかわらず、1週間で20点ほど販売できたというクライアントもいらっしゃいます。これは、お勧めはしたい、でも売り込みと感じられたくないという場合には有効な手法であり、1年中実施できるものです。

(2)カタログ化や購入カード

フードやシャンプー、デンタルケア製品、予防関連製品など、病院で取扱う商品はかなり増えてきました。バリエーションが増えると、スペースの都合から待合室に陳列するにも限界がでてきたり、商品知識を覚えていくのも大変だったりします。そこでご紹介したいのが、取扱商品のカタログ化です(図8-11)。診察時に活用したり、待合室に設置したり、またスタッフがこれをもとに説明を行うなど、様々な用途が考えられます。もちろん、診察時に口頭で商品をお勧めすることが最善かもしれませんが、それが苦手なスタッフもいます。あるいは新人スタッフ向けの教育ツールとしても活用していけます。

また、こういったツールを整備していくことで、獣医師と動物看護師の業務分担を行い、効率化と待ち時間短縮につなげることも可能になります。

図8-12と図8-13は、狭いスペースでフードを提案するために工夫された例です。図8-12は購入カードを壁に掲示し、実物は倉庫に置いているという手法をとったものです。このように、発想を変えるだけで様々な提案方法がありますので、固定観念にとらわれることなく、柔軟に発想を広げていただきたいと思います。

6. 差別化で訴求力を高める

(1)五感マーケティング策

周りと差別化するための五感マーケティングについて、トリミングメニューを例にご紹介したいと思います。特にトリミングは、技術面において他店との差別化を図りにくいことが多々あるため、自分の店舗のもつ世界観を飼い主さんに感じていただき、他店との差別化を図ることも1つの手法になります。楽しさを感じていただくための切り口として、『五感』すなわち「触覚」「嗅覚」「視覚」「味覚」「聴覚」の5つに着目し、メニュー作りなどに役立てていきます。

第8章 単価アップの考え方

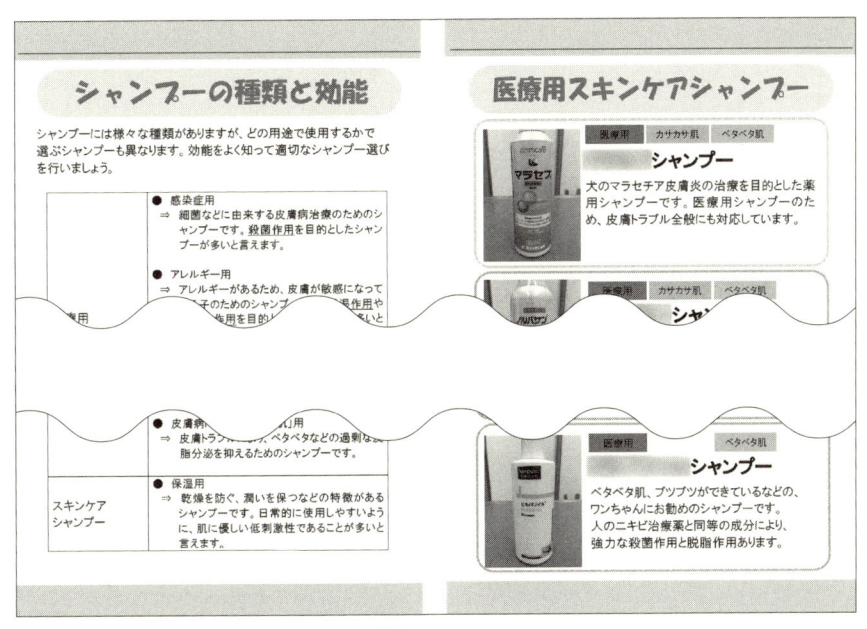

【図8-11】シャンプー商品のカタログ例。

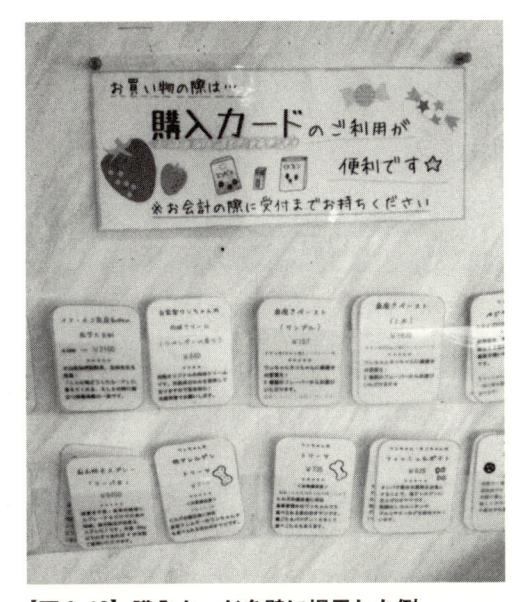

【図8-12】購入カードを壁に掲示した例。

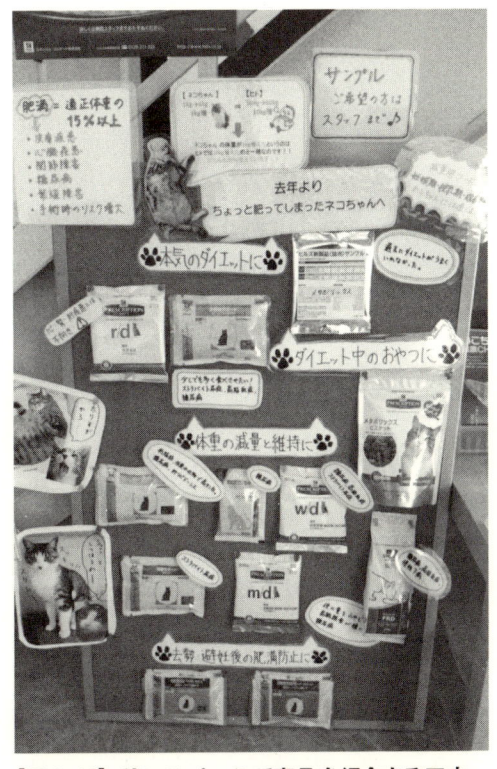

【図8-13】狭いスペースで商品を紹介する工夫。

77

①触覚

シャンプー後は毛がサラサラになり、とても気持ち良い触り心地になります。飼い主さんにアンケートを実施すると、毛がサラサラになる、フサフサになる、という点を継続来店の動機に挙げている方が多数です。これをもとに、シャンプー後の毛・肌の感覚を訴求ポイントとし、毛がサラサラになることをPOPなどで伝えてみると良いかもしれません。

②嗅覚

治療目的の場合には難しいですが、シャンプーによって様々な良い香りが選べます。人では香りつきの柔軟剤やルームフレグランスが昨今流行しているように、シャンプーの「香り」を訴求して、「嗅覚」に焦点をあててみるのも面白いでしょう。例えば、飼い主さんに好みの香りのシャンプーを選んでいただく方法を取入れてはどうでしょうか。

③視覚

トリミング後は、飼い主さんにとってペットのみた目への意識が非常に高くなるタイミングです。多くの店舗が、カット後に写真を撮る、リボンをつけるなど、みた目を可愛くする取組みを行っています。そこで実施したいのが、撮影した写真を利用したDMの作成、ホームページに写真をアップするなどです。

④味覚

トリミング後のペットへのご褒美として、おやつをプレゼントしているところもあります。飼い主さんの前であげると、とても美味しそうに食べるため、飼い主さんが商品のついで買いをしていくことも多いようです。ペットが美味しそうに食べている姿をみせてあげることがポイントです。このように、その子の好きなおやつをお迎え時にあげるということを実施してみるのも良いかもしれません。

⑤聴覚

店内の雰囲気を作る1つにBGMがあります。あるクライアントでは、スタッフの好みでジャズを流していますが、その音楽が店舗の内装やスタッフの制服ととてもマッチしており、良い世界観を作っています。そこで働くスタッフのための音楽ではなく、店舗の世界観を伝える選曲というのも面白いのではないでしょうか。

五感は人の記憶にとどまりやすいといわれています。このように飼い主さんの記憶に残る取組みを行うことで、実際にトリミングへ行こうと思った時に最初に自分の店舗を思い浮かべてもらえるよう、仕掛けが作れると良いでしょう。

(2) 犬種別のメニュー

当社コンサルタントが多くのサロンをみていて、よく感じていた疑問に、犬種別の料金メニューを掲げている店舗がほとんどないということがあります。実際オプションメニューなどの提案を行うことは多いようですが、飼い主さんの立場からすると、それが自分のペットにどれほど関係があるのかが分からないため、訴求力は非常に弱いものとなります。訴求力を高めるためには、「いかに自分のペットに関係があるか」を伝えることが非常に重要となり、そこで有効なのが犬種別のメニュー表（**図8-14**）です。下記の項目については、犬種別に作成していきます。

第8章　単価アップの考え方

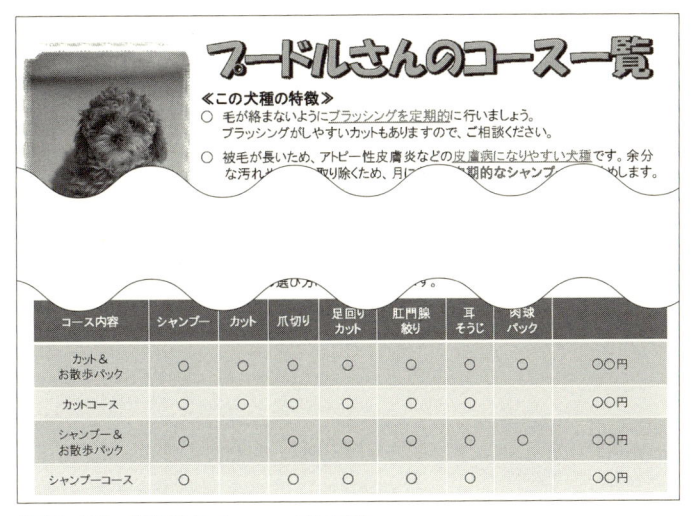

【図8-14】 犬種別のメニュー表の例。

○この犬種の注意点

皮膚病になりやすいなど、その犬種の特徴を伝えることで、継続的なシャンプーの必要性などを感じていただき、来店を促していきます。

○当サロンでのこの犬種へのこだわり

自分のペットに対してどれだけ丁寧にやってもらえるかは、飼い主さんにとって非常に重要なポイントです。こだわりをもってやっているという想いをしっかりと伝えることが大切で、例えばスタッフが同じ犬種を飼っている場合には、同じ飼い主としての視点で、こだわりを伝えることも良いと思います。

特にメニュー内容としては、オプションとして料金を追加していくのではなく、最初からパックとして含めて提示する方が、価格が高くなるという印象を避けることができるでしょう。

トリミングの場合、通常のコース設定だけでは時間あたりの単価は低くなりがちです。しかし、短時間でできるオプションメニューを上手に組みあわせることができれば、単価アップがしやすくなります。限られた予約枠の中で単価アップを図るために、犬種別のメニュー表を検討・導入してみることをお勧めします。

(3) 年齢別のメニュー

これまで、トリミングにおいては犬種別のコース設定やマイクロバブルなどのオプションメニューの訴求が中心でした。しかし、これでは差別化しにくくなっているため、健康診断で提案している年齢別の訴求を、トリミングにおいても実施することをお勧めしています。病院には7歳以上の高齢の動物が来院することも多いため、その動物に向けたトリミングメニューを用意しておくことが今後は重要です。

図8-15は、7歳以上の高齢犬に対するメニューの例です。ポイントは、7歳以上の犬の飼い主さんが気にしている要素やトリミングに求める要素をもとにして、メニュー設定をしている点です。高齢犬になると、毛づやや皮膚の質の低下、持病への心配など、トリミングに求める内容も異なってきます。

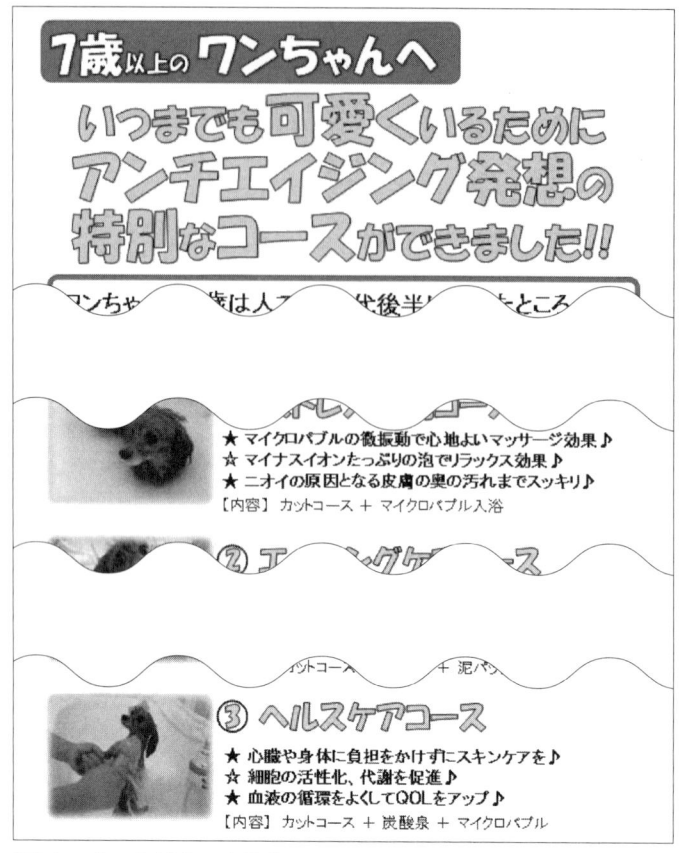

【図8-15】7歳以上の高齢犬に対するメニューの例。

(4) 価値を高める工夫

上記で挙げたようなメニュー例以外にも、「マイクロバブルなどの機器を使用している」「獣医師による診察が必ずついている」「動物看護師の資格をもったトリマーが行っている」「短時間で終わるようにトリマー2人で行っている」など、普段は飼い主さんに伝えていない取組みについても伝えていく工夫をすることで、飼い主さんにその価値を感じていただけるようになります。

経営コラム

人打ちPOP

あるクライントでは、待合室のフードの品数を売れている商品群に絞り、陳列量を減少させました。フードの売上を上げるということと、待合室のスペースを有効活用したいとの考えからです。

そして、フードコーナーにはPOPを新しくつけました。そのPOPにはスタッフの似顔絵をつけ、そのスタッフが商品をお勧めするという形にしました。その結果、商品が以前よりも売れたとのことです。「商品の絞り込み」と「人打ちPOP」も1つの商品販売の工夫といえるでしょう。

年末状

年末年始に行う企画の1つに年末状というものがあります。これは、クリスマスからお正月までの期間（12月26日～29日頃）にDMを到着させることで、飼い主さんに内容をみてもらえる確率を高めるというものです。訴求する内容は様々ですが、その1つに無料の健康チェックを1月から2月までの期間限定で行うというものがあります。年々受診率が高くなっているというクライアントもあります。

PART 3
マネジメント

PART 3　マネジメント

第9章
採用における対策

> **Point!**
> 1. 希望する人材を確保するためには、募集広告の内容を工夫する必要がある。
> 2. 面接で聞く共通項目の整理、経験者の技量の評価方法、そのほか診断テストの導入により、適正な人材をみつけだす。
> 3. 入社後の仕事に関するトラブル防止には、雇用条件を明文化した上で契約を交わしておく必要がある。

　よく、「うちのスタッフはすぐ辞める」という院長がいらっしゃいますが、これは一般企業においてもあてはまることで、3年目までに離職するケースは多々あります（**表9-1、表9-2**）。退職してしまう理由には、**表9-3**のような内容が挙げられていますが、この原因を考えてみると、募集する際の情報が少なく、入社後「こんなはずではなかった」という状況に陥るケースが多くなっているためと思われます。

　これは、動物病院においてもいえることで、このような状況を避けるためには、病院の概要をしっかり開示することが必要でしょう。

【表9-1】3年目までの離職率（大学卒業者）。

	累計*	1年目	2年目	3年目
平成15年3月卒	35.8	15.3	11.0	9.4
平成16年3月卒	36.6	15.1	11.8	9.7
平成17年3月卒	35.9	15.0	11.8	9.1
平成18年3月卒	34.2	14.6	11.0	8.6
平成19年3月卒	31.1	13.0	10.4	7.7
平成20年3月卒	30.0	12.2	9.5	8.3
平成21年3月卒	28.8	11.5	8.9	8.4
平成22年3月卒	31.0	12.5	10.0	8.5
平成23年3月卒	32.4	13.4	10.1	8.8
平成24年3月卒	23.3	13.0	10.2	
平成25年3月卒	12.7	12.7		

出典：厚生労働省「新規学卒者の離職状況（平成23年3月卒業者の状況）」
＊3年目までの離職率は、四捨五入の関係で1年目、2年目、3年目の合計と一致しないことがある。

【表9-2】3年目までの離職率（短期大学等の卒業者）。

	累計*	1年目	2年目	3年目
平成15年3月卒	43.5	19.1	13.0	11.3
平成16年3月卒	44.8	19.7	13.6	11.5
平成17年3月卒	43.8	19.5	13.5	10.8
平成18年3月卒	42.9	19.8	12.8	10.3
平成19年3月卒	40.5	18.7	12.4	9.4
平成20年3月卒	40.2	18.0	11.5	10.6
平成21年3月卒	39.3	17.1	11.4	10.8
平成22年3月卒	39.9	18.0	11.5	10.4
平成23年3月卒	41.2	18.5	11.7	11.0
平成24年3月卒	30.8	18.7	12.1	
平成25年3月卒	18.7	18.7		

出典：厚生労働省「新規学卒者の離職状況（平成23年3月卒業者の状況）」
＊3年目までの離職率は、四捨五入の関係で1年目、2年目、3年目の合計と一致しないことがある。

第9章 採用における対策

【表9-3】おもな退職理由。

順位	比率	理由
1	39.1%	仕事がきつい
1	39.1%	仕事が面白くない
2	32.8%	労働時間が長い
3	29.7%	待遇が良くない（給与や福利厚生など）
4	28.1%	会社の雰囲気があわない
5	25.0%	上司や先輩との人間関係をうまく構築できない

出典：㈱マクロミル2014年5月調査

【表9-4】獣医学生に対する就職に関するアンケート結果。

	男性	女性
求める職場環境	・技術 ・成長	・働きやすさ（つづけられる・人間関係）
就職先の探し方	・受動的	・能動的
求人情報の注目点	・医療的な特徴	・働き方のイメージ ・待遇面

サスティナコンサルティング調べ
サンプル数277名（男性：146名、女性：131名）

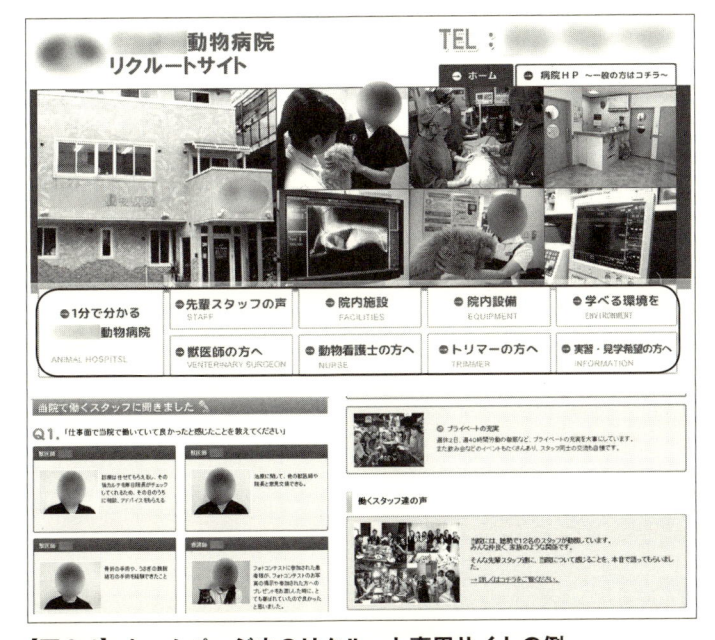

【図9-1】ホームページ内のリクルート専用サイトの例。

1. リクルート募集の方法

表9-4は、当社で行った獣医学生に対するアンケート結果ですが、男女別で就職に対する特徴が見受けられます。就職に対して、男性は情報を積極的に探すというよりも、情報に対して受動的であり、女性の方が色々な媒体を通じて情報を探しだす傾向にあるようです。また求める環境に関しても、男性は技術や成長を求めるのに対し、女性は働きやすさを求める傾向があります。したがって、募集媒体の情報をみる際、男性は「医療的な特徴」、女性は「働き方のイメージ、待遇面」に注目する傾向があるようです。

図9-1は、あるクライアントのホームページにあるリクルート専用サイトです。診療風景の写真などをトップページに掲載し、イメージをつかみやすくしています。また、先輩の声を掲

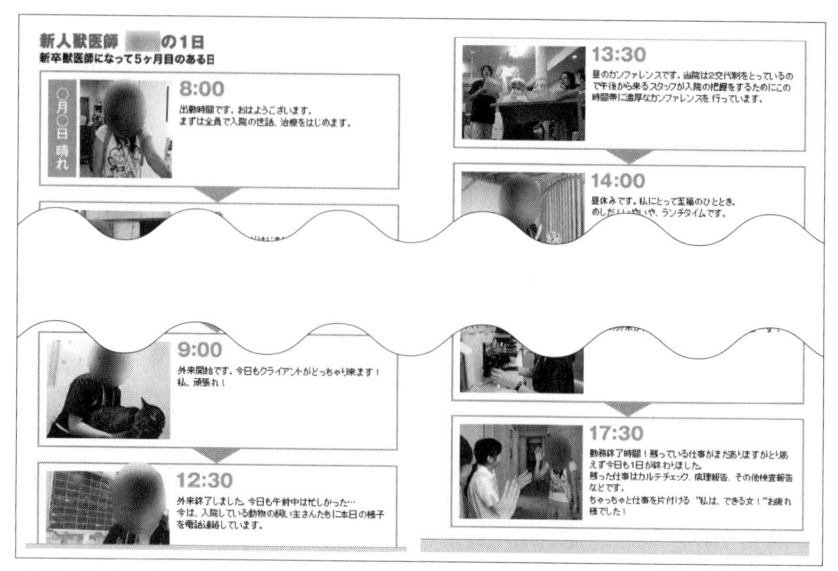

【図9-2】ある新人獣医師の1日を紹介しているページ例。

載し、病院に対する安心感を与えていることも特徴です。ほかにも、病院業務以外でスタッフが集まっている様子を掲載することで、人間関係の良さもアピールできています。

図9-2は、ある新人獣医師の1日を整理し掲載しているページの例です。職場でどのような1日を過ごすのか、ということをイメージしやすいコンテンツに工夫されています。

図9-3と図9-4は、リクルート募集の広告例です。図9-3は男性獣医師を対象とした募集広告で、獣医療という業界でチャレンジしていくことを主体に訴求している内容となっています。特に、スキルアップなどをイメージしやすいよう作られています。一方の図9-4は、女性をメインの対象とした募集広告です。仲間や環境、待遇面などを分かりやすくポイントとしています。

このように同じリクルート募集の広告でも、対象によって全く訴求の方向性は変わってきます。もちろん、男女ともに募集対象である病院もあると思いますが、同じ紙面上で男女両方に対して訴求しても、どっちつかずになってしまうこともあります。したがって、男性用、女性用の2種類の広告を用意することも1つの方策かもしれません。

2. 面接内容

面接時に聞く内容として、共通項目を整理した「面接シート」を使用するケースは増えています。さらに、適正検査などを受けてもらい、潜在的な能力や性格を把握するケースも多くなってきています。

動物病院は医療機関として、ミスなくきちんとした仕事が求められます。"人となり"は面接や実習を通じて判断することができますが、よく採用後に発覚する問題点として"数字に弱い"ということがあります。獣医師の方はもちろんですが、動物看護師でもフードのカロリー計算や1日量の計算、薬用量の計算など、数字

第9章 採用における対策

【図9-3】男性を対象...

【図9-4】女性を対象としたリクルート募集の広告例。

を使った仕事は数...
務においても当然、...
そこであるクラ...
診断テストを受けてもらう取組みをはじめました。内容はいずれも院内の業務で行う可能性のあるものとなっています（**図9-5**）。このテストでは、答えだけを書くのではなく、必ず途中の計算式を書いてもらうようにします。仮に回答が間違っていても、その過程の計算式をみることで、どのように考えたかを推測することができます。単純に計算ミスをしたのか、根本的な考え方が分かっていないのかを判断することができるわけです。もちろん、このテストだけで全てを決めるわけではありませんが、判断材料の1つとして活用してみるのも良いでしょう。

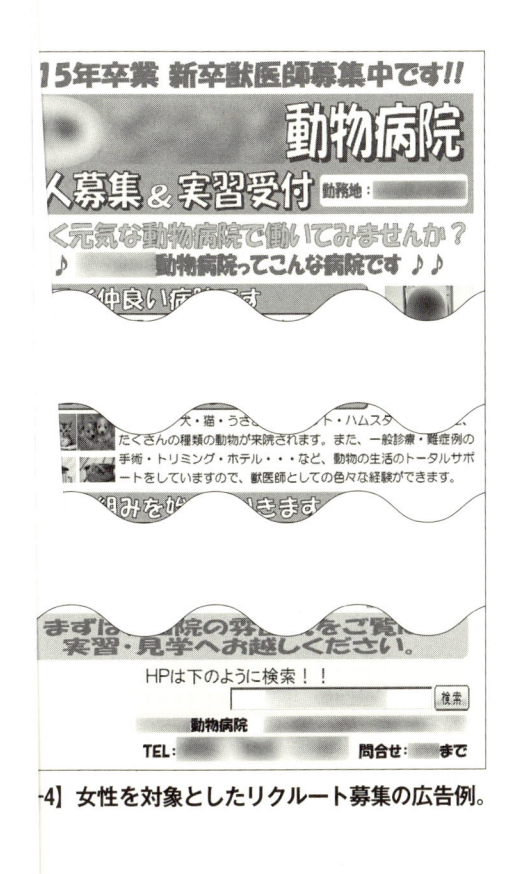

経験者採用について

医師・動物看護師・トリマーなどの職種を問わず、経験者を採用する際の課題として、応募者の技術レベルをどう把握するか、という問題があります。特に経験獣医師の場合は、病院見学や実習などに来る日数が限られることもあり、一層把握することが難しいでしょう。

そこで**図9-6**のようなリストを使い、面接時に応募者に自分の技量を自己申告してもらう方法を取入れているクライアントもあります。この表のポイントは、項目に対して「できる・できない」で評価するのではなく、「どの程度のレベルでできるか」を評価し把握できるようになっていることです。各項目に対して「1. 経験なし」〜「4. 後輩の指導ができる」の4段

PART 3 マネジメント

4. 計算

(1) 食事計算

① 100 g あたり 120 kcal の処方食があります。あるワンちゃんは 1 日の食事の総摂取カロリーを 600 kcal にしないといけません。1 日に 2 回の食事を与えるとすれば、1 回あたりの食事は何 g 以内にしないといけないでしょうか？

回答　　　　g 以内

② 100 g あたり 150 kcal の処方食があります。あるワンちゃんの飼い主さんより、「次回来られるのが 1 ヶ月後なので、1 ヶ月分の処方食が欲しい」といわれました。このワンちゃんは 1 日 2 食で 1 食あたり 300 kcal を与える必要があります。その場合に飼い主さんにお渡しする処方食は何 kg 以上の処方食を用意しないといけないでしょうか？？

回答　　　　kg 以上

【図 9-5】診断テストの例。

	自己評価
一般診療	
全身の確認ができる(バイタルサインの把握、皮膚、体表リンパ節の確認を含む)	
頭頸部の診察ができる(眼底・耳道・鼻腔・咽頭・甲状腺など含む)	
循環器疾患の診察ができ、カルテに記載できる	
呼吸器疾患の診察ができ、カルテに記載できる	
腫瘍疾患の診察ができ、カルテに記載できる	
消化器疾患の診察ができ、カルテに記載できる	
内分泌疾患の診察ができ、カルテに記載できる	
泌尿・生殖器疾患の診察ができ、カルテに記載できる	
骨・関節・筋肉系の診察ができ、カルテに記載できる	
脳神経系の診察ができ、カルテに記載できる	
皮膚疾患の診察ができ、カルテに記載できる(耳も含む)	
産科の診療ができ、カルテに記載できる	
幼少動物の診察ができ、カルテに記載ができる(生理的所見と病的所見の鑑別も含む)	
しつけの相談に対して、一般的な指導・提案ができる	
予防医学	
予防接種の重要性を認識しており、飼い主様に説明および薦めることができる	

【図 9-6】面接時、経験獣医師に自分の技量を自己申告してもらうためのリスト例。

1. 経験なし
2. 経験はあるが 1 人では十分な対応ができない
3. 1 人で対応できる
4. 後輩の指導ができる

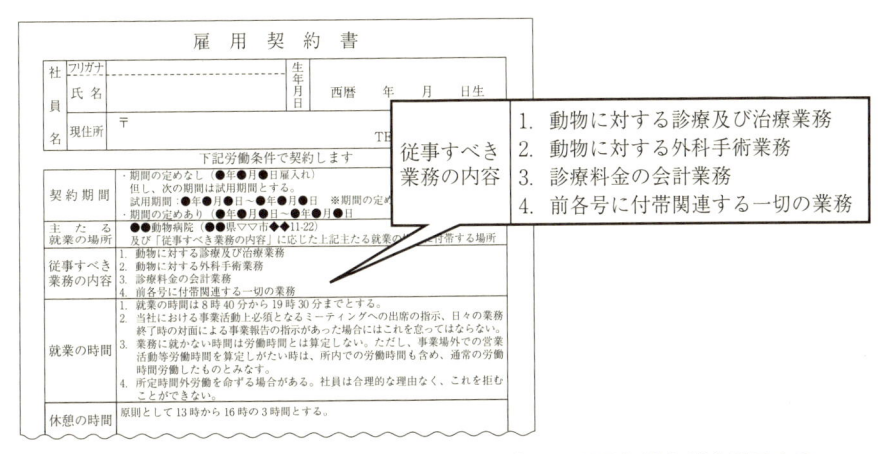

【図9-7】入社後のトラブル防止のために雇用契約書には雇用条件などを明示する。

【表9-5】雇用する際に明示しなければならない絶対的明示事項。

①労働契約の期間
②就業場所、従事すべき業務
③始業・終業時刻、所定労働時間を超える労働の有無、休憩時間、休日、休暇、交替制によって就業させる場合の就業時転換に関する事項
④賃金の決定、計算および支払の方法、賃金の締め切りおよび支払の時期、昇給に関する事項
⑤退職に関する事項(解雇の事由を含む)

階の評価が用意されています。

このように明文化しておくと、面接時の質問項目としても使用でき、入社後に技量が本人の申告レベルと異なっていた場合には、それに早期に対応することも可能になります。従来は、口頭による確認で済まされていたことが多かったかもしれませんが、将来のトラブルを防ぐためにも書面化していくことをお勧めします。

4. 雇用条件について

雇用条件についての認識の食い違いから、院長と従業員間で起こるトラブルをよく耳にします。例えば、院長は動物看護師に対して、看護師業務のみならず受付業務やDM作成なども行ってもらいたいと考えていたにもかかわらず、本人は看護師業務のみをするつもりで入社したため、入社後に「そんなことやるなんて聞いていません！」と、指示した業務を履行しないというケースもあります。

こういった事態を避けるためには、雇い入れ時に従業員に対し雇用条件をしっかりと明示しておくことが大切です(図9-7)。労働基準法では、一定の事項を明示しなければならないとしています。経営者が従業員を雇用する際に必ず労働者に明示しなければならない5項目(絶対的明示事項)は、表9-5の通りです。

これ以外にも、定めをした場合は明示しなければならない事項(相対的明示事項)として、退職手当や賞与、表彰、制裁などの8項目があります。これらついて、雇用契約書という形で経営者と従業員の双方が納得して契約を交わしておけば、入社後に「いった、いわない」のトラブルになるリスクを大幅に低減することができます。「転ばぬ先の杖」として、ぜひ導入を検討されてみてはいかがでしょうか。

経営コラム

求人オリジナルポスターの作成

　新卒の動物看護師募集のために、専門学校にオリジナルの求人ポスターをだされたクライアントの話です。その学校の就職課に行ったところ、オリジナルの求人ポスターを掲示していたのは、自身のところを含めて2つの病院だけだったそうです。壁一面に貼られた学校指定の求人票(白黒のもの)の中に、2枚だけカラーのポスターが貼られた状態であったとのことでした。

　学校指定の求人票の場合、学生が病院を判断する基準は、給与や休み、待遇面などの「数字」だけでしかありません。もし仮に、自院の求人票の隣に高い給与が書いてある求人票があったとしたら、そちらに目がいってしまうことになると思います。

　大学の獣医学部では、オリジナルの求人ポスターは貼ってくれないところもありますが、動物看護の専門学校ではほとんどが貼ってくれると聞いています。新卒の動物看護師の採用を検討されている方は、ぜひオリジナルの求人ポスターを作ってみてはいかがでしょうか。

安定ではなく、安心を与える

　人事関連のある書籍に、「安定ではなく、安心を与えよう」という言葉がありました。国語辞典では、以下のように説明されています。

- 「安心」：気にかかることがなく心が落ち着いていること。
- 「安定」：物事が落ち着いていて、激しい変動のないこと。

　スタッフにとって仕事に全く変化がないことは、いわゆるマンネリ感につながってしまいますので、適度な負荷を課したり、新たな仕事を任せたりすることは必要です。しかし、トップの気まぐれな指示や思いつきの制度変更などにより、スタッフの精神的な平静や生活の平静までを乱してしまうのは本末転倒です。そのような職場には人は定着しないでしょう。

「安定(固定)」はあえて与えずに適度な変化をもたらす方がよく、その一方で「安心」はしっかりと与えてあげることが必要だ、と書かれていました。動物病院の仕事も単調な日々の繰り返しになってしまうおそれがあります。常にスタッフを巻き込んで新しいことを考えつつも、根本的なところでは安心して働ける職場を作っていくことが大事になるでしょう。

第10章

スタッフの教育

> **Point！**
> 1. 内定者教育、新人教育のための準備次第で、個人そして病院の成長が左右される。
> 2. 業務遂行のためだけでなく、社会人として成長させるための教育体制ができているか。
> 3. スタッフの前向きな意見やアイディアを引きだし、また自己肯定を促すこともできるコミュニケーション方法とは。
> 4. 組織に必要なリーダー像は決して画一的なものではなく、様々なタイプのリーダーが組織を作ると考えて育てる必要がある。
> 5. 動物病院におけるチームとは何を指し、どう育てれば良いのか。

1. 内定者教育

　動物病院業界の入社時期は最繁忙期であり、新人スタッフの初期教育に時間をかけられないという問題を抱える院長は多いと思います。また、一般企業で行われているような内定者教育も浸透していないのが現状です。

　最近、一部のクライアントでは、4月入社予定のスタッフに対する内定者教育に取組んでいるところもあります。1月、2月は病院の閑散期になりますので、4月に向けた準備期間として最適な時期といえます。この時期に内定者に病院実習に来てもらいながら、4月に入社した際のイメージをもって過ごしてもらうことがねらいです。

　図10-1は、内定者教育用に作成された実習スケジュールです。1週間の実習期間をどのように過ごすかを明確にすることで、教える側と覚える側の意思統一ができるようになっています。ポイントとしては、まず4月に入社した際に1人で行ってもらう仕事を決めます。図10-1では、「入院動物の管理」と「受付・会計」が該当します。それらの仕事を実習期間の最終日(土・日)に1人で行ってもらうことをゴールとして設定し、それまでの期間(月～金)は段階的に修得できるようにプログラムを組んでいます。実習の初日にゴールを伝えることで、実習に臨む姿勢も変わってきます。

2. 入社後の教育チェックリストと日報の活用

(1) 教育チェックリスト

　4月になると新人スタッフが入社してきますが、これにあわせて「教育チェックリスト」を導入することをお勧めしています(図10-2)。このチェックリストの目的は2つあり、①新人スタッフ自身に「できるようになったこと」を実感させること、②教育者側が「教えたこと」と「教えていないこと」を明確にすることです。

　実際に、入社後3カ月程度で辞めていくスタッフと面談を行ってみると、「自分の能力のなさを感じることからくる、院内での疎外感」が根底にあることを感じます。周囲からみると、新人スタッフができるようになったことは

	月・火		水・金		土・日	
	内容	担当	内容	担当	内容	担当
8：00						
8：30	入院動物の管理 （先輩と一緒に）		入院動物の管理 （1人でやることを念頭に）		**入院動物の管理 （1人で）**	
9：00						
10：00	院長の診察の見学		受付・会計の見学・実習 （話している内容をメモとって）		**受付・会計の見学・実習 （2〜3人を1人で実施）**	
11：00						
12：00	会計の見学		院長の診察の見学		院長の診察の見学	
13：00	手術の見学		手術の見学		手術の見学	

【図 10-1】実習プログラムの例。

ヶ月目　　名前：

診察				受付			
項目	自己チェック	指導者チェック	院長チェック	項目	自己チェック	指導者チェック	院長チェック
台拭き				電話対応			
体重計の使い方				会計ソフト			
皮膚ソウハ検査準備				レジ業務			
眼科検査準備				新患のカルテ作成			
爪きり準備				カルテだし入れ			
血検準備(BT)				狂犬病の書類関係			
点滴セット				ワクチン証明書			
外傷準備				会計			
皮膚、耳検査(染色)				フード類の種類・場所			
…の操作							
写真撮影、…							
レントゲン室準備							
尿検査(UT)ユーライナリーテスト							
試験紙							
沈渣							
糞便検査(FT)フェイタルテスト							
直接法							
浮遊法							
入院室の世…							
点滴準備							
オートクレーブの使い方							

薬				手術			
項目	自己チェック	指導者チェック	院長チェック	項目	自己チェック	指導者チェック	院長チェック
ノミ・ダニ・フィラリア薬 ○○○○○○ ○○○○ ○○○○○ の種類を覚える 【診察時、体重(BW)にあわせてだす】				手術準備			
				DS			
				DC			
				CS			
				CC			
				オペ室準備の仕方			
2月中 フィラリア薬、薬袋							

【図 10-2】教育チェックリストの例。

多くあっても、本人が気づいていないこともあります。そのため①に挙げたように、「できること」を本人に実感させることも必要となります。

また、忙しい時期に新人スタッフに対し複数の先輩が教育を行うと、教えることの抜け・漏れがどうしてもでてきてしまいます。ある新人スタッフは、入社後3カ月頃に「まだこんなこともできないのか」と叱られたことが原因で辞めていきました。しかし、よく確認してみると誰も教えていなかったことが発覚した、という話があります。このように、チェックリストがあれば教えることの抜け・漏れがなくなり、「教えたつもり」を防ぐことができます。

このリストは、誰でもみることのできる医局などの場所に掲示しておき、新人スタッフだけ

【表 10-1】チェックリストの作成・利用の手順。

1. 昨年入社した新人スタッフにメモを借りる（項目のピックアップのためなのでメモで十分）。
2. 業務内容をピックアップしていく。
3. 業務内容を大項目（受付業務・診療業務など）に分けていく。
4. 業務内容が多いようであれば、1カ月目・2カ月目などのように覚える目標期間を設定する。
5. シートをもとにして、新人スタッフ、教育者側がチェックしていく（随時）。
6. 定期的に新人と教育者側で、チェック内容の相互確認を実施する。

でなく、スタッフ全員が教育状況を共有できるようにすることが重要です。また、各項目について教えた際は、随時チェックしていくようにします。後でまとめてチェックを行ったりすると、抜け・漏れの原因になってきます。

リストを作成する際は、昨年入社したスタッフに教えた内容が記載されたノートやメモなどをもとに、項目をピックアップしていくことが最も簡便です。さらに、メモが時系列に沿って記載されていれば、1カ月目、2カ月目などの期間を区切ったチェックシートの作成も可能になります（**表10-1**）。この方法を数年前から実施しているクライアントがありますが、それまでなかなか定着しなかった新人スタッフが定着するようになったとのことです。

(2) 日報

近年は、「ゆとり教育世代」と呼ばれるスタッフが新人として入ってくると、「何を考えているか分からない」「意欲が全く感じられない」という悩みを抱く院長は多いようです。新人スタッフの性格は様々ですが、「口にはださないけれど、内に秘めている」「人前で意見をいうことは格好悪いと思っている」などといったケースは実は少なくありません。

この対策としてお勧めしたいのは、書かせるという行為を取入れることです。あるクライアントでは新人スタッフに日報を提出させていますが（**図10-3**）、この結果スタッフが何を考えて仕事をしているかが分かるようになったと院長は話されていました。そして、ただ単に書かせるだけではなく、提出された日報に対してコメントを記載しフィードバックも行っているとのことでした。さらに今後は、この日報をファイリングし、そのスタッフのご両親に1年の成長記録として送ることも考えているそうです。日報をつづけていくことは決して楽ではありませんが、新人スタッフとのコミュニケーション手段としては必要なのかもしれません。

3. 1日の業務整理

1日の業務内容をしっかり整理しておくと、朝のスタートから仕事がスムーズになります。あるクライアントでは、新人スタッフとして獣医師・動物看護師・トリマーの計4名が入ることもあり、朝の混乱を避けるために業務の整理と可視化を行いました（**図10-4**）。これにより、前年までの混乱もなく仕事がスムーズに進んだとのことです。

スタッフ数が増えても、「誰かがやってくれているだろう」「こっちを先にした方が良いだろう」など、スタッフそれぞれの独自判断により仕事がうまく進むこともあります。しかし、うまくいかない場合には、病院としての業務の優先順位や誰が何をやるのかを整理し、意思統一を図ることが必要になります。例えば、朝のゴミだし作業からバタつくという場合には、業務の整理と可視化を一度試してみていただきたいと思います。

PART 3　マネジメント

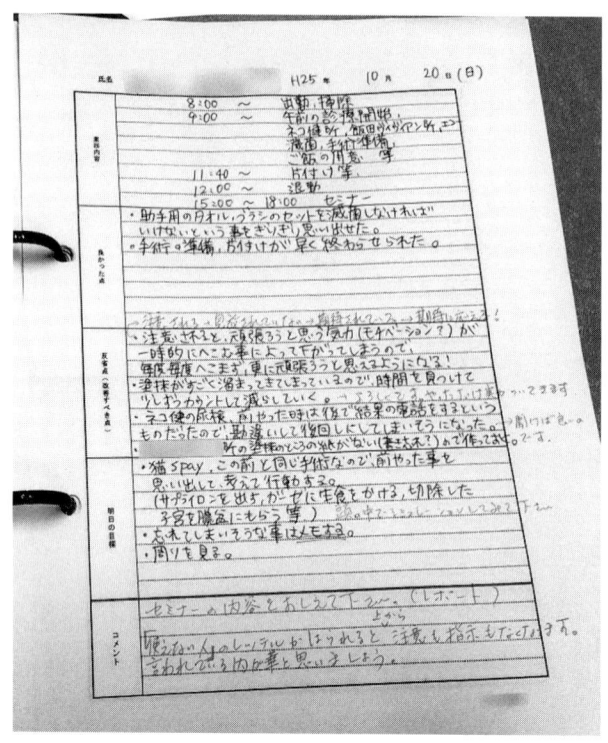

【図 10-3】日報の例。

時間	全員	獣医師
8:45 まで	【受付・処置室・待合室】 ● モップがけ ● パソコン起動 ● レントゲン立上げ ● 帰る子の明細書作成 ● 転送の解除　　【犬舎・猫舎】 ● 食器下げて、洗う ● 前日の洗濯物を干す ● タオル交換→ゆすぐ→洗濯 ● 散歩 ● 朝ごはん準備 ※ 塩素ぞうきんが足りなければ、開院までに必ず準備 ※ 今日帰る子の荷物チェック、汚れていないか？	● 入院の子食べてるか？ ● 排尿はOKか？便はOKか？ ⇒ 掃除の確認 　　治療の準備
8:45 ミーティング	※ 来院予定報告の人は、ミーティングまでにワクチン・フィラリアチェック。 再診は必要か？　預かり中に注意することはないか？　確認しておくこと。	
8:55 開院	【人がいれば、開院してからでも可能な業務。人がいなければ早めに】 ● 手術準備　　● 注射などの治療　　● 洗濯　　● 帰る子の明細書作成 【後でもOK】 ● 前日のカルテチェック ⇒ しまう　・洗濯物コロコロ（OPE着など急ぎでなければ） ● 時間かかる洗浄などの治療（傷が落ち着いている子）	
	※ トリマーさんは9時以降になるとトリミング業務があるため、上の仕事を優先すること	
12:05	● 掃除機 ● モップがけ ● 洗濯 ● お昼に散歩、ご飯の子 ● 在庫チェックと注文	● 備品の補充 シリンジ、針、カット綿、塩素 アルコールなど ● 血液検査結果、承諾書などの 用紙コピー	● 午前中のカルテチェック ● OPE準備 ⇒ OPE ● 治療 ● 検体集荷

【図 10-4】1日の業務と流れを整理し、可視化した例。

【表10-2】業務遂行を教育するためのツール例。

- 全身の確認ができる（バイタルサインの把握、皮膚、体表リンパ節の確認を含む）
- 頭頸部の診察ができる（眼底・耳道・鼻腔・咽頭・甲状腺など含む）
- 循環器疾患の診察ができ、カルテに記載できる
- 呼吸器疾患の診察ができ、カルテに記載できる
- 腫瘍疾患の診察ができ、カルテに記載できる
- 消化器疾患の診察ができ、カルテに記載できる
- 内分泌疾患の診察ができ、カルテに記載できる
- 泌尿・生殖器疾患の診察ができ、カルテに記載できる
- 骨・関節・筋肉系の診察ができ、カルテに記載できる
- 脳神経系の診察ができ、カルテに記載できる
- 皮膚疾患の診察ができ、カルテに記載できる（耳も含む）
- 産科の診療ができ、カルテに記載できる
- 幼少動物の診察ができ、カルテに記載ができる（生理的所見と病的所見の鑑別も含む）
- しつけの相談に対して、一般的な指導・提案ができる

4. 業務を遂行させるための教育

昔は、見よう見まねで修得していくという風潮が動物病院業界にはありました。しかし最近の人材の変化から、明文化した仕組みを求める傾向がでてきていると感じます。用意された枠がないとイメージができない、範囲が分からないと迷って動けないというような人材は多くなっており、また、納得しないと動けないという人材も増加していると思われます。この背景には学校教育との連動性があるでしょう。しかしながら、この事実を素直に受け止め対応していく必要があり、人を動かすためには背景や目的を伝えることも重要かもしれません。

そこで、業務を遂行できるようにさせるための教育で重要になるのは、明文化したツールです（**表10-2、図10-5**）。どのようなことができるようになってほしいのか、どの範囲が通常業務なのか、などを明文化してほしいと思っているスタッフは多々います。教育のために毎回同じような説明を繰り返すことになると、教える側もストレスになりますので、これを軽減するためにも明文化したツールを用意しておくと非常に助かります。

特に動物病院業界は、新人スタッフが入社してくる4月がフィラリア予防時期と重なり最も忙しい時期であることから、教える時間が取れないというジレンマがあります。しかし、どの時点でどのようなことができるようになっていてほしいかをまとめたツールがあれば、教育時間の短縮につながり、意識の均一性が保たれることにもなります。

ただし、このような業務内容の明文化やマニュアル作成時の注意点として、文章で示すだけでは不十分なことがあります。例えば、「整理整頓をする」という文章を考えてみた場合、そのイメージは人によってまちまちになります。そのため、**図10-6**の写真のように悪い例と良い例を一緒に示すことも必要になってくるでしょう。

【図10-5】通常業務の範囲を明文化した例。

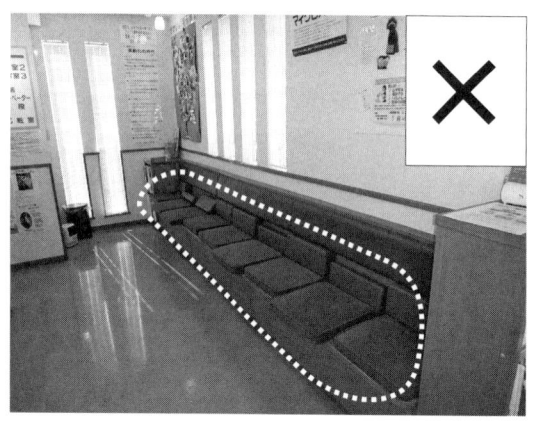

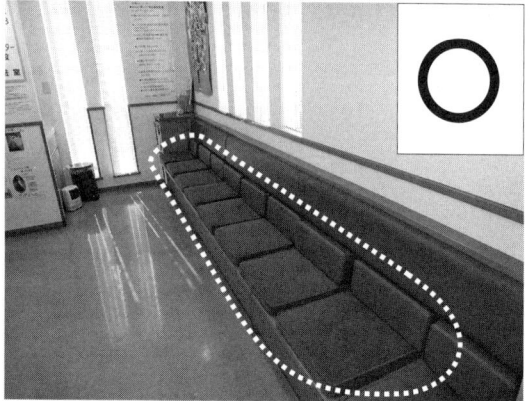

【図10-6】文章だけではなく、写真などで示した例。

5. 社会人として成長させるための教育

　業務を遂行できるようにするための教育と、社会人としてあるいはチームメンバーとして成長させるための教育は、同一ではありません。まずはこれを認識していただくことが大事です。

　社会人として成長させるための教育には、接遇やマナー、ホスピタリティセミナーなどに出席させて、様々な情報から学んでいくことも必要だと感じますが、それだけではなかなか持続させることはできません。まずは小さなことでも良いので役割を与えると、自ずと責任感が芽生えてくるものです。例えば、病院外のイベントとしてレクリエーションの幹事を任せても良

第10章 スタッフの教育

【図10-7】職場を離れてのコミュニケーション。

◆食事会、BBQなどのイベント
・単独ではなく
　ペアで幹事をさせる。
・職種を越えた交流が
　生まれるように工夫。
・判断・決定の
　トレーニングの機会。

【表10-3】「役割」と「責任」を与える。

氏名	係名	役割
○○○○	販売促進係	・病院内の商品のPOPの作成 ・季節ごとのDM作成＆配送の取りまとめ ・その他販売促進に関する業務
○○○○	新規顧客獲得係	・新規オーナーの顧客表の管理 ・月ごとの新規オーナーの数と概要（何をみて来店されたか）を翌月初に院長に報告 ・新規オーナー獲得に関する業務
○○○○	メンテナンス係	・店内の清掃状況や、書籍等の破損状況の確認と整備 ・季節ごとの大掃除の取りまとめ ・季節ごとの商品棚卸の取りまとめ
○○○○	広報係	・ニュースレター作成＆配送の取りまとめ ・ブログの更新スケジュールの検討と取りまとめ ・ホームページのメンテナンス業務
○○○○	カイゼン提案係	・月ごとのカイゼン提案の集計と報告 ・提案表彰の準備

いでしょう（**図10-7**）。そのほかにも、病院業務の中で必要なことを細分化し、それぞれのテーマに応じた役割を担わせることで成長を促すことができます（**表10-3**）。

さらに、社会人としての成長を後押しする重要なポイントにモチベーションがあります。**図10-8**は「ハッピーポスト」というもので、以前、筆者の書籍（『動物病院チームマネジメント術』、2011年）で紹介した「愛の密告制度」という企画の発展版です。この企画を導入したあるクライアントでは、スタッフのちょっとした良いところをみつけたら、このハッピーポストに投函するようにしています。感謝の気持ちを表すことを目的に行うものですので、内容はほんの些細なことでも良く、後日ポストにたまったコメントはスタッフ皆にフィードバックします。実際のコメントの一部を紹介すると、「オペの助手に入った時に術者に気を遣わせない」「注意がきついいい方になってしまったので謝ると、"いいえ、ありがとうございます"といわれた。すごい、もっと成長できると思う」などがありました。このように個々にフィードバックされる仕組みには、自己肯定できる、自分では分からなかった良い点に気づかされる、

【図10-8】ハッピーポスト。

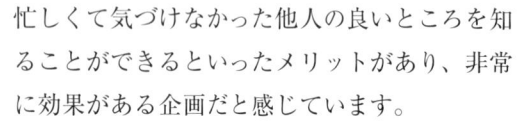

【図10-9】サンキューカード。

忙しくて気づけなかった他人の良いところを知ることができるといったメリットがあり、非常に効果がある企画だと感じています。

次にご紹介したいのは、「サンキューカード」という企画です。これはスタッフ同士で渡しあうもので、何かしら良いことをしたスタッフに対して、「ありがとう」という気持ちを込めてカードを渡し、さらにそれを待合室に掲示するものです（図10-9）。日頃、感謝の気持ちを伝えあうことは恥ずかしくてできないケースが多々ありますが、このようなカードを渡されることで他人に認められた気持ちになります。そして、このカードを待合室に掲示することで、普段の診療では分からないスタッフの一面が飼い主さんにもみえ、非常に親近感が高まるようです。

6. スタッフとのコミュニケーション

トリマーとのコミュニケーション方法については一考した方が良いケースが増えています。トリマーは動物看護師と違い、一緒に診察に入ることがほとんどないため、意識してコミュニケーションを行わないと、朝晩のミーティング以外に会話することがない、というクライアントもあります。実際、診察の空き時間などに定期的に個人面談を行っている院長のお話では、動物看護師とくらべてトリマーからは、現状への改善点や、やってみたい取組みなどがでてこないという状態がつづいていたということでした。そこで、「ヒアリングシート」という取組みを実施してもらいました。これは、経営項目（新規患者の発掘・リピート率向上・自院の特徴など）を口頭で聞く代わりに、事前に紙に書いて提出してもらう、というものです。その結果、予想とは裏腹にとても良い改善策やイベント企画など、前向きな意見がトリマーからたくさんでてきたとのことでした。後日、そのトリマーに話を聞いてみると、これまでの面談時はトリミング後のペットのお迎え時間や、後のトリミング内容などが気になるあまり、いいたいこともいえずにいたとのことでした。

特にトリマーは、予約時間という枠の中で働いているため、動物看護師とは違ったアプロー

チでコミュニケーションを取ることも重要でしょう。トリマーは、トリミング中にスタッフ同士で色々な話をしていることがよくあり、こんな企画をやってみたいと考えている、頭数を増やす・売上を上げるという意識も強い職種にあります。なかなか意見がでてこないと感じているようであれば、アプローチを工夫してみてはどうでしょうか。

7. リーダーを育てるために

リーダーという言葉は様々なとらえ方ができ、その意識レベルも変わってきます。そしてリーダーになり得る人とはどのような人なのか、これは永遠の課題かもしれません。ただ、成長のスピードを考えた場合、「リーダーにチャレンジしよう」という意思のある人が適任であると感じます。

実際クライアントからは、リーダーにすぐになれるような人材がなかなかいないという話を聞くことは多くあります。図10-10は、あるクライアントが作成したミーティングの予定内容を記載したシートですが、書記の役割はあえて空欄にしてあります。なぜなら、この書記に立候補する人がリーダー対象になり得るとの考えからです。書記という役割からでも良いので、徐々にリーダーに育成していく仕掛けができています。一方で、役割を与えられることを嫌がるような人は、すぐにリーダーになれるとは考えにくいでしょう。

リーダーを育成するにあたっては、もちろんその役割はどのようなものかを明確にしておくことも必要です。表10-4のようにリーダーの役割を明文化し、院長が求めているリーダー像を明確にしておかないと、スタッフそれぞれがイメージするリーダー像が独り歩きし、リーダーになる前から悩んでしまうケースも多々あります。また、売上に対しての責任を負わされることが嫌だというスタッフが多々いる状況で、収益責任をすぐにリーダーに負わせることは難しいといえます。この場合、収益責任を負う役割はリーダーより上位のマネージャーの役割である、というように状況に応じた役割と義務を検討していく必要もあります。

図10-11は「目標設定シート」の例ですが、あるクライアントでは、このシートを使い獣医師や動物看護師の教育を行っています。最初は本人が記載した目標をふまえてそれを具体化し、リーダーと一緒になって達成できるようにしていくものです。これは、リーダーがほかのスタッフの目標を自分のこととしてとらえることができるか、という教育ツールにもなっています。

冒頭でも触れましたが、リーダーになり得る人とはどのような人なのか、これは誰にも分かりません。実際、リーダー＝引っ張っていくというイメージを強くもつスタッフは多数いると思います。しかしながら、最近のリーダーシップには様々な形があるといわれ、リーダー＝支援者でありスタッフのバックアップをする縁の下の力もち、という役割の方が良いということもいわれています。リーダーという言葉が画一的なイメージになることを避け、様々なタイプのリーダーが組織を作っていると理解した方が、様々な人材をリーダーに登用しやすくなるでしょう。いずれのタイプにしても、リーダーは育てるものであり、もとからその能力がある人がリーダーにふさわしい、というわけではありません。立場が人を作るという言葉もありますから、ぜひトップである院長はおそれず、時間をかけてリーダーを育成してほしいと思います。

PART 3 マネジメント

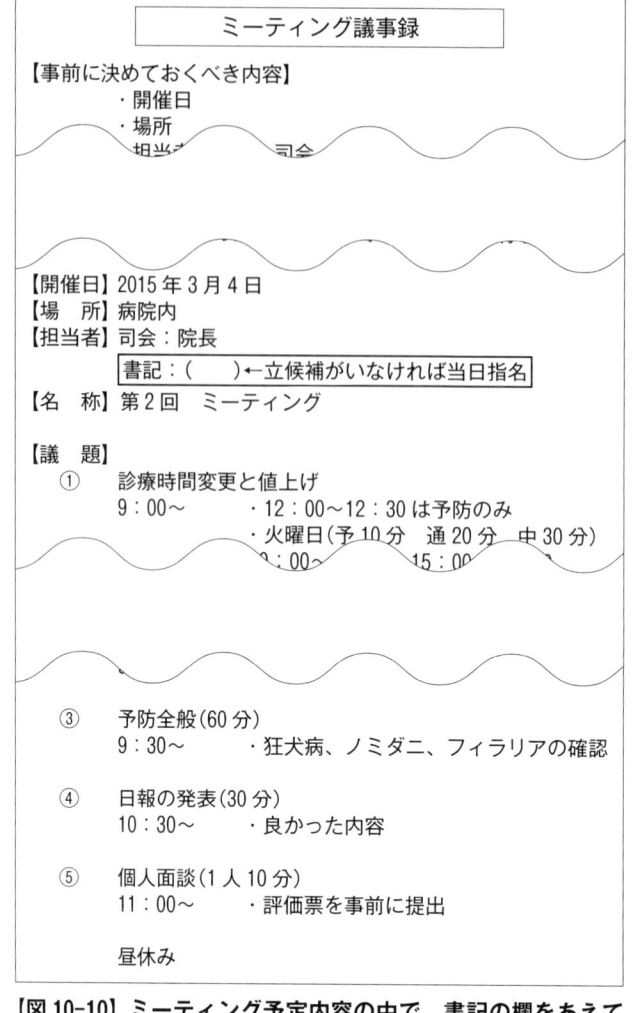

```
                ミーティング議事録
【事前に決めておくべき内容】
  ・開催日
  ・場所
  ～～担当～～～～司会～～～～～～～～～




【開催日】2015年3月4日
【場 所】病院内
【担当者】司会：院長
        ┌─────────────────────────────┐
        │書記：(　　)←立候補がいなければ当日指名│
        └─────────────────────────────┘
【名 称】第2回　ミーティング

【議 題】
  ①  診療時間変更と値上げ
      9：00〜    ・12：00〜12：30は予防のみ
                ・火曜日（予10分　通20分　中30分）
      ～～～～～～～～～～～～～～～～～～～～
           00〜        15：00


  ③  予防全般(60分)
      9：30〜    ・狂犬病、ノミダニ、フィラリアの確認

  ④  日報の発表(30分)
      10：30〜   ・良かった内容

  ⑤  個人面談(1人10分)
      11：00〜   ・評価票を事前に提出

      昼休み
```

【図10-10】 ミーティング予定内容の中で、書記の欄をあえて空欄にしてある。

【表10-4】 リーダー像を明確に示しておく。

```
●自分の管轄について把握をする

【院長に対して】
●院長の考えや伝達事項を自分の管轄メンバーに伝達する
●自分の管轄について、院長に適切に報告・連絡・相談をする

【メンバーに対して】
●他メンバーの様子を観察し、適切に相談にのる
●他メンバーが自信をもって勤務できる環境作りを一緒に考える
●新人に対し、教育やサポート・フォローを行う

【病院に対して】
●問題点をみつけて、院長や他リーダーと話しあい、前向きな雰囲気を作る
●個人的な感情ではなく、病院全体を考えた判断をする
```

	獣医師・看護師・トリマー	氏名

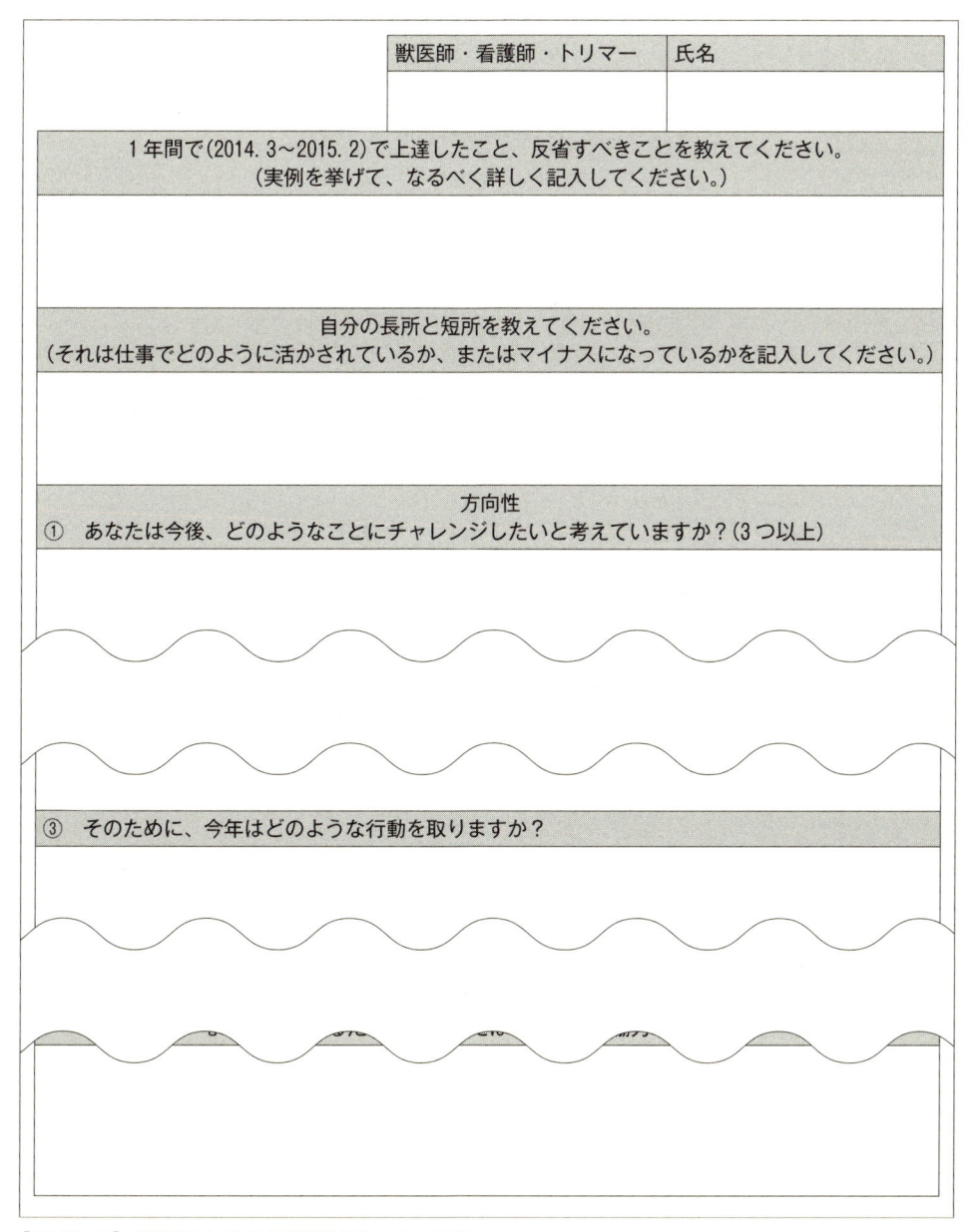

1年間で(2014.3～2015.2)で上達したこと、反省すべきことを教えてください。
（実例を挙げて、なるべく詳しく記入してください。）

自分の長所と短所を教えてください。
（それは仕事でどのように活かされているか、またはマイナスになっているかを記入してください。）

方向性
① あなたは今後、どのようなことにチャレンジしたいと考えていますか？（3つ以上）

③ そのために、今年はどのような行動を取りますか？

【図10-11】教育のための目標設定シートの例。

8. チーム作りのコツ

　動物病院の中には獣医療におけるチームと経営体として存在するチームの2種類があることを、まず意識しておかなければいけません。これを混在していると、様々な要因が絡まりストレスになってしまいます。動物病院はその性質上、個々が役割をきちんと把握し、コミュニケーションを取りながら協業していくというスタンスが必要になります。

　そのため獣医療チームとして機能していくことは必須であり、診療における情報の共有化や

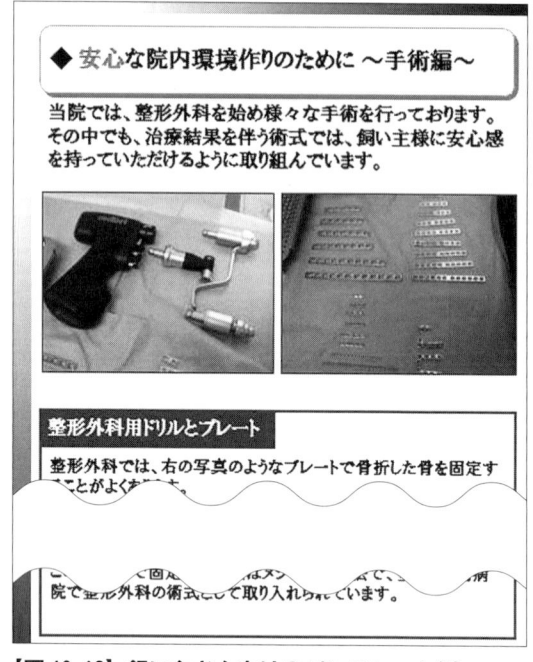

【図10-12】飼い主さん向けのパンフレット例。

個々のスキルアップなどは非常に重要な要素となります。図10-12は、あるクライアントが飼い主さん向けに提示しているパンフレットですが、これは飼い主さんへ安心感を与える意味あいだけではなく、自分の病院のスタンスをスタッフに意識づけるという効果ももちます。こういったことも、動物病院が獣医療チームとして機能していくためのベースになってきます。

経営体として存在するチームとは、飼い主さんの満足度を上げるためや、業務を遂行していくためのチームです。これにはまず、大きな方向での意思統一が必要です。ここでなぜ「大きな方向」と記載したかというと、院長の考えるイメージと全く同じイメージを共有するスタッフはほとんど存在しないからです。実は、院長が求めるイメージを精度高くすりあわせようとすればするほど、チームはまとまらなくなってきます。そもそも、スタッフは各々のもつ理由から獣医療という仕事を選んだわけで、家庭環境や志なども違った人が集まっているのが動物病院です。つまり「大きな方向」でさえも、すりあわせることは非常に大変な作業といえますので、これをふまえないと「うちのスタッフはまだまだ」という認識しか残らず、院長以下のモチベーションは低下しやすくなります。

意思統一の方向性を示すにあたっては、「クレド」というものがあります。クレドとはスタッフが従うべき病院理念ということになりますが、これを明文化できている病院は非常に少ないようです。実際、難しく考えすぎて文章にできないケースも多々あります。まずは病院の創業時に考えたこと、自分たちがこんな病院になりたいと思っていることなどをボイスレコーダーに録音し、まとめてみるだけでもクレドに近いものはできます。また、逆に「これだけはしてほしくない」ということを整理して明示す

確認	項目
☐	あいさつができない
☐	掃除ができない
☐	敬語が使えない
☐	笑顔が良くない
☐	成長意欲がない
☐	声が小さい
☐	継続力がない
☐	

【図10-13】病院理念を作り上げるために、まずは「してほしくないこと」など些細な事項から行動統制を取っていくことも可能である。

ることも、些細ではありますが行動統制を取るのに役立ちます（**図10-13**）。

その次にチーム作りの仕組みとして大事なことに、情報の共有スピードを上げることがあります。ミーティングなどの時間を確保して、ダイレクトコミュニケーションから情報共有することももちろん重要です。ミーティングにおいては、できれば事前に議題を整理し、もしスタッフからの提案を促したいのなら宿題として事前に付箋などに記入するようお願いすることも必要になります。ミーティングで話した内容は、データ化してExcelなどで保存しておくことが好ましいでしょう。そうすれば、過去の情報をすぐに検索し把握できるようになります。最近では、Evernoteなどのコミュニケーションのための IT をツールに使うケースも増えてきています。そのほかにも、携帯電話のメールやLINEを活用して情報交換をする病院も増えているようです。

さらに、チーム作りにおけるマインド面として、「自責」の考え方を伝えることも重要だと感じます。自責とは全ての原因は自分にあり、ほかの人や環境に原因があるのではないという考え方です。この意識を高くもつことによって、物事の過程を振り返り、新しい視点をもつことができるようになります。もちろん「自責」を受け入れるのは難しいことであり、険しい道のりかもしれません。しかしこれは病院の体質を左右することです。「自責」の風土ができた時、それは自発的な推進力が芽生え、チームとして成長する時といえるでしょう。

経営コラム

人材育成システム

　給与制度を仕組化し、キャリアアップシステムや評価システムの導入により、人材育成を行っているクライアントが増えています。これまでのような、漠然とした目標やキャリアプランでは、将来に不安を感じる人が増加してきたことが背景にあるでしょう。また人件費率から人件費を考えていくことで、経営も安定し健全なものとなります。

　まず、「自分たちの病院をどのような病院にしたいのか」というところから人材育成システムははじまります。最終的には、評価ということが発生しますが、「自分のレベル確認と次の目標を作るために必要な段階」と考えれば非常に前向きなステップになります。ぜひ前向きに人材育成を仕組化してみてください。

写真マニュアル

　新人教育を円滑に行うためには、マニュアルを整備することも必要です。一方で、マニュアルの整備は非常に手間がかかるため、なかなか手をつけられていないことも多いのではないでしょうか。

　ここでは、簡単かつ効果的なマニュアルとして写真を使ったマニュアル作成方法をご紹介します。これは文章では伝えにくい内容をマニュアル化するのに適しており、また、忙しい時に新人スタッフに声をかけられて手が止まるのを避けられるというメリットにもなります。もちろん、新人スタッフの業務確認は必要ですが、「これをみておいて」といえるマニュアルがあると、目の前の業務に集中できる時間を確保することができるようになります。

■血液検査時の準備マニュアル。

◆採血セット

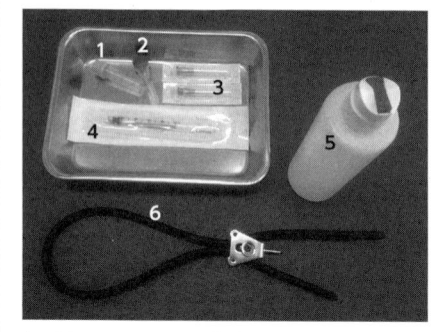

1. BD Microtainer（ピンク）
2. キャピジェクト微量採血管（グリーン）
3. 針（茶：26 G1/2　青：23 G5/8）
4. 1 mL シリンジ（ツベル）
5. アルコール
6. 駆血帯（タニケット）

内定者フォローの重要性

　せっかく内定をだし春からの戦力として期待をしていたのに、ある日突然「ほかの病院に行きます」といわれてしまったというケースは少なくありません。

　事前の集合研修や、内定者旅行など大規模なことはなかなか難しいと思いますが、先輩スタッフを含めた食事会に招待するなどして、関係性を深めておくことはとても良いことだと思います。

　また入社前の内定者と親交を深めておくことは、「内定辞退の阻止」ということ以外にも、大きなメリットがあります。それ

は、内定者の「入社」が円滑になるということです。誰しも経験がありますが、学生から社会人になるというのは人生の一大イベントであり、様々な不安や葛藤がある時期です。

しかしながら、4月は動物病院にとっての最繁忙期であり、どうしても「新人の面倒などみていられない！」となってしまいがちです。これはある程度仕方ないことだと思いますが、そんな状況の中で誰にも悩みを相談できず、孤立感や「自分はここにいて良いのか」という感情を募らせ（いわゆる「五月病」）、5月・6月頃に早々に退職してしまう新人は少なくありません。特に5月はゴールデンウィークなどに別の世界へ進んだ友人などと交流をもつ機会も多く、その中でいわゆる「隣の芝生が青くみえる」状態になってしまい、退職や転職を考えてしまう人も多いといわれています。

その点、入社前の内定者時代に先輩スタッフや院長先生との親交を深めておけば、良い意味で周囲を頼ったり、悩みを相談したりということがしやすくなるでしょうし、孤立感にさいなまれることも防ぎやすくなると思われます。またその分、院長や先輩スタッフの新人マネジメントにかかる労力も軽減されます。

夏頃には学生に内定をだされる動物病院も多いと思います。その後の内定者フォローについても、できることから考えてみてはいかがでしょうか。

第11章

認められることと評価

Point!
1. 「認められたい」という欲求を「認める」仕組みがあることで、本人の成長は促される。
2. 感謝の気持ちや認めているということを表現する仕組みを作る。
3. 評価システムの根源には人件費があることを忘れてはならない。
4. 組織の成熟度と規模に応じた評価システムを検討する必要がある。

1. 周りに認められるという意識

マズローの欲求5段階説というものをご存じでしょうか(**図11-1**)。人間の欲求は5段階の欲求階層で構成されており、低次の欲求が満たされると高次の欲求に移行していくという理論です。最近のスタッフの多くはバブル景気を経験していない、経済が停滞している中で成長してきた世代です。そのためか、高次の自己実現を目指していないことも多々見受けられるようですが、実は「承認の欲求」、つまり自分が認められたいという欲求は強いのではないかと感じます。そして「誰に認められたいのか」というと、それは院長だけでなく仲間や家族などの多くの人に認められたいという印象を受けます。これは、「自分は異端でありたくない」という気持ちと連動しているかもしれません。

図11-2は、あるクライアントが日報を兼ね

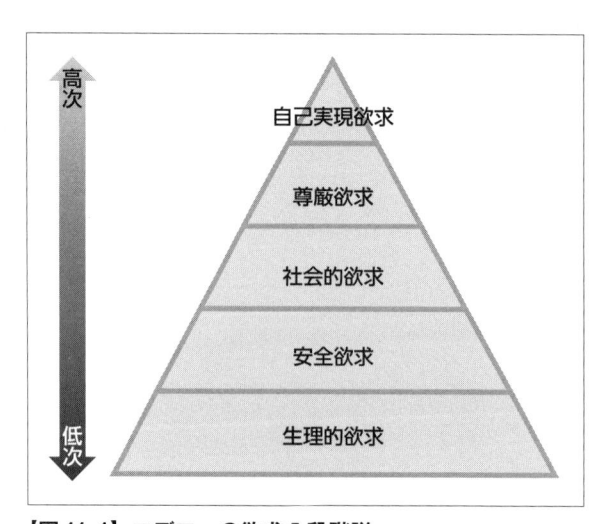

【図11-1】マズローの欲求5段階説。

第11章 認められることと評価

【図11-2】日報を兼ねた交換ノート。

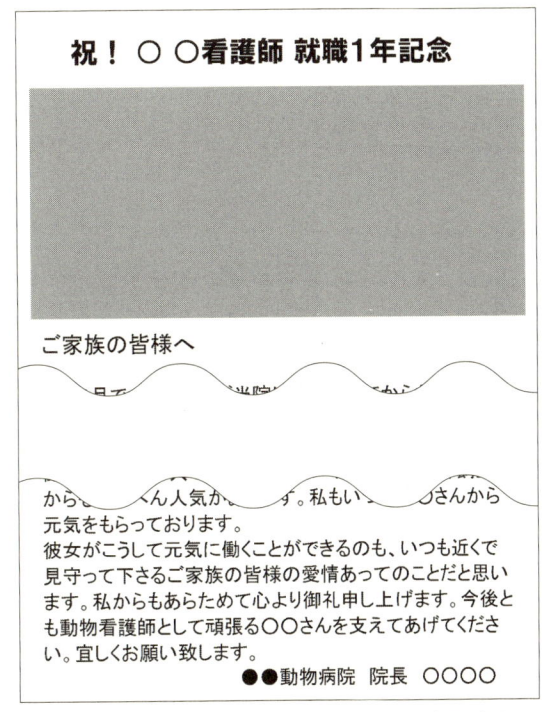

【図11-3】あるスタッフの1年間の勤務を記念し、病院から両親に送ったはがき。

て取入れている院長とスタッフでかわす交換ノートです。このノートには、頑張ったこと、反省点、気づいたことなどを記入し、院長に提出します。そして院長は、ハンコを押すなどしてノートを返却してあげていますが、スタッフは非常に楽しく活用しているそうです。また、ノートに記載された内容の中から、特に良かったものを抽出してまとめ、ミーティングの時にスタッフ間で回し読みすることもしているようです。これにより、スタッフ同士で褒められたことを共有することができ、仲間に認められるという意識も生まれてきます。

図11-3は、動物看護師が1年間勤務した時にその両親宛に病院から送ったはがきです。記載されているコメントは、スタッフの存在が病院にとってどのように素晴らしい存在であるかをつづった内容になっています。つらい勤務の時もあるかもしれませんが、それを乗り越えているスタッフの成長を両親に伝えてあげることで、両親は頼もしく思ってくれるでしょう。

このように、日頃から感謝の気持ちを伝えること、認めているということを相手に発信できている院長は非常に少ないと思います。恥ずかしさから口にだしにくいのであれば、それを表現できる仕組みを作り、「承認の欲求」を満たすことも大切だと感じます。

2. 経営における評価システム

まず、経営における評価システムの目的について触れておきたいと思います。評価システムというと、モチベーション管理や理念の浸透など様々な目的が考えられますが、その前提には「人件費」があることを忘れてはいけません。

PART 3 マネジメント

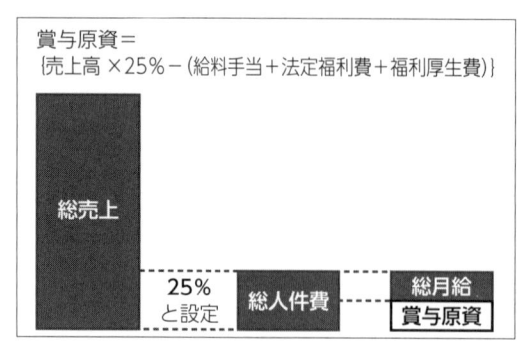

賞与原資＝
{売上高×25％－(給料手当＋法定福利費＋福利厚生費)}

【図11-4】人件費分配型評価システムによる賞与原資の考え方の例。

【表11-1】短期行動型評価システムの例。

交換対象名	ポイント数
①商品券(3,000円)	100
②商品券(10,000円)	350
③音楽ギフトカード(3,000円)	100
④入浴剤セット	120
⑤映画鑑賞券ペア	120
⑥食事代	175
⑦果物詰めあわせ	160

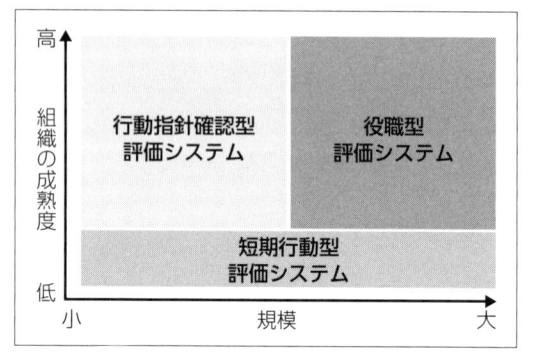

【図11-5】組織の成熟度と規模に応じた評価システムの検討。

人件費÷売上を労働分配率といいますが、この労働分配率を一定に保つことが利益を永続的に確保するための重要な要素となります。すなわち、労働分配率を設定し、その一定の割合を目安に人件費を考えていくことが、今後の不安定な経済環境下における経営に重要となります。

図11-4は、売上と人件費、さらに賞与についての例を模式図化したものです。売上に対して25％を人件費とし、年1回の賞与支給と仮定した場合、売上から今まで支払った人件費を引いたものが賞与原資となります。このように、評価システムの根源には、人件費という経費があることをしっかり認識しておいていただきたいと思います。

次に、具体的な評価システムについてですが、これには「プロセスに対する評価」と「結果に対する評価」の2種類があります。

「プロセスに対する評価」は、あらかじめ加点される行動を明記し、その行動によって評価していくというものです。その点数が累積されればされるほど、短期のインセンティブが上がっていくという仕組みです(**表11-1**)。換金する景品は現金以外である場合が多く、組織の成熟度が低い場合には有効な方法です(**図11-5**)。

「結果に対する評価」は、前提として職位・役職が用意されているケースが多く、明記された役割や権限などに応じた評価チェック項目があるイメージです(**図11-6、図11-7**)。担っている職位・役職にふさわしいかどうかを基準にあてはめて判断し、さらに、この評価チェック項目での判断をもとに、賞与の割り振りを実施する場合も多くあります。

表11-2は、賞与原資が100万円あり、分配人数が10人である場合の例です。評価システムを用いて、実際にこのような賞与原資の割り振りを実施しているクライアントもあります。

今までは、評価システムというとモチベー

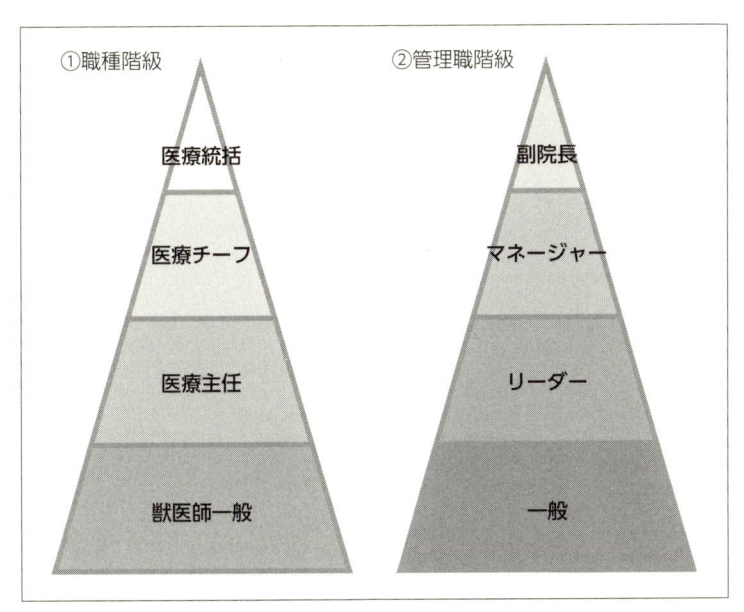

【図 11-6】 職種および管理職階級の例。

【図 11-7】 行動指針確認型評価システムの例。

ション管理や理念の浸透が目的にあったかと思います。しかしながら、安定成長が難しい時代では、「どのようにこのシステムを反映させていくか」ということが重要になると考えています。

【表 11-2】人件費分配型評価システムの例。

	人数割合 (例：10人)	割り振り (例：原資が100万円)
A評価	全体の10% 【1人】	総額の20%を割り振る 【20万円/1人】
B評価	全体の20% 【2人】	総額の30%を割り振る 【30万円/2人】…15万
C評価	全体の30% 【3人】	総額の30%を割り振る 【30万円/3人】…10万
D評価	全体の40% 【4人】	総額の20%を割り振る 【20万円/4人】…5万

経営コラム

モチベーションアップにつながる客観的評価

「人事評価システム」と聞くと、大きな組織のものという印象を受けるかもしれませんが、決してそうではありません。プロフェッショナルとして人を雇う以上、適正に評価をし、その評価に応じて適正に賃金を支払ったり、昇進・昇格をさせたりということが必要になります。またスタッフが2人以上になると、その複数のスタッフの間での評価の整合性、公平性ということも大切になってきます。「どうして私は評価されないのだろう」「どうしてあの人があんなに評価されているのだろう」という疑問は、院長への不信感につながり、離職や、ひどい場合には労務トラブルをも招きかねません。

人事評価システムの構築は一朝一夕で簡単にできるものではありませんが、スタッフがイキイキとやりがいをもって働いてくれる病院にするため、少しずつでも整えていくことをお勧めします。

人事評価システムについて理解する時は、下記のような図を用いると整理がしやすいと思います。人事評価は「評価システム」「昇進・昇格システム」「賃金システム」の3つが相互に関係しあって成り立っているのです。

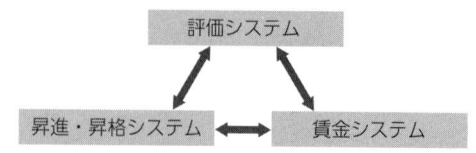

- 「評価システム」：どんな項目によって評価するかという制度。
- 「昇進・昇格システム」：等級（グレード）やその要件を設定する制度。
- 「賃金システム」：評価や等級に応じてどのように賃金を支払うかという制度。

夢をみせる

スタッフがイキイキと働いている動物病院の特徴には、夢をみせ、それを伝えているということがあります。
- 将来こんな病院にしたい
- こんなことをやっていきたい

というイメージ的なものから、
- 海外に病院をだしたい
- 分院を10病院作りたい

という具体的なものまで幅広くあります。

ただ単に目の前の仕事に追われるのではなく、何かに向かっているという安心感やワクワク感が必要なのだと感じます。院長の頭の中にある「想い」を伝えることに躊躇を感じるかもしれません。しかし、スタッフは院長の想いを聞きたがっていることも意外と多いのです。ぜひ将来の夢や想いをスタッフに伝えてみてはいかがでしょうか。

3つの働き方

ある書籍に「働く人には3種類の人がいる」という記載がありました。

1つ目は、ご飯を食べるために仕事をしているライスワークで、自分の欲望のために働いているので、より楽で高額な仕事を

考えるといいます。

　2つ目はライクワークです。好きなことを仕事にしているため愚痴がでることはないのですが、楽しさを基準にしてるので、より楽しい仕事を求めるようです。

　3つ目はライフワークです。仕事＝人生と考え、仕事を仕事だとは考えない人だといいます。苦労を苦労と思わないため、どんどん成功するタイプであり、段階をふんで発展していくでしょう。

　つまり、最終的にライフワークと思える人が多い組織が成功するといえるのではないでしょうか。

PART 3　マネジメント

第12章
効率化と質の向上

> **Point！**
> 1. 自院の現状を正しく把握しなければ、非効率となっている真の阻害要因は分からない。
> 2. 業務内容を整理し、時系列にそって把握ができているか。また業務を実施するタイミングや目安となる時間、優先順位をスタッフ全員に共通して落とし込むための仕組みがあるか。
> 3. 電子化やツールの導入、仕組みの構築により効率化が図れると、生まれた余力時間を質の向上に転嫁できる。
> 4. カイゼンの仕組みは、スタッフの職場への関心と当事者意識を高めるきっかけとなる。

1. 現状把握の重要性

「効率化」は動物病院にとって重要な要素であり、多くの院長にとって悩みの種でもあると思います。それは「待ち時間」や「残業時間」との連動性があり、万人に与えられえた1日24時間の内容に影響があるからです。非効率な状況の原因を「スタッフの能力が足りないから」「人の数が少ないから」などと、"人"に求める院長も多く見受けられます。もちろん「人の能力」も要因にはありますが、効率化を人頼りにしていては、もし優秀なスタッフが退職した場合には継続できないという事態に陥ります。そこで重要なのは、"仕組み"を作ることです。これには様々な方法がありますが、まずは仕組みを作る前に必要なことから述べていきたいと思います。

(1) 現状の非効率を探る

他病院の色々な効率化の事例などを参考にして、自院に落とし込もうと試みることは非常に良いことです。しかし、事例の病院と自院とで違ったボトルネック（阻害要因）があれば、事例を参考に実施してもうまくいかないケースもあります。

あるクライアントの院長は、受付から会計までの時間が長くかかっている原因は、薬を作るスピードの遅さであると考えていました。そのため、薬を作るスピードを上げるように指導していました。そして、それだけでは時間短縮にならないため、図 12-1 のようなカードをカルテに挟み、受付から会計までにかかっている実際の時間を把握してみました。すると、最も時間がかかり待ち時間が長い要因になっていたのは、「診察時間」だということが分かりました。「診察室 OUT」から「会計」までは、それほど時間を要していなかったのです。複数の獣医師がいる病院であったため、院長は獣医師の診察時間に問題があるとは感じておらず、たまたま薬を作ってまごついている動物看護師の姿をみて、薬を作る時間が待ち時間の長さの主要因だと思い込んでいたということでした。

このように、正しく現状を把握しておかないと、効率化のための仕組み構築は的外れになる

```
         月     日(   )
受付(    )      (  :  )
診察室 IN(    )  (  :  )
診察室 OUT(   )  (  :  )
会計(    )      (  :  )
```

●診察にかかっている時間の割りだし

獣医師	有効数	総時間 (h:min)	平均時間 (h:min)
①	216	50:17	0:13
②	157	48:21	0:18
③	95	33:20	0:21
全体	468	131:58	0:16

【図 12-1】 受付から会計までにかかる実際の時間を把握するためのカード。

No	優先順位	業務項目	分類			
			タイミング	所要時間	担当・職種	備考
1			毎日(朝・昼・夜) 毎週(　曜日) 毎月(初・中・末)			
2			毎日(朝・昼・夜) 毎週(　曜日) 毎月(初・中・末)			
3			毎日(朝・昼・夜) 毎週(　曜日) 毎月(初・中・末)			
4			毎日(朝・昼・夜) 毎週(　曜日) 毎月(初・中・末)			

【図 12-2】 業務整理表の例。

【表 12-1】 毎月業務チェックリストの例。

業務内容	実施日	サイン
保険の請求	月初	
新患の人数チェック(ファイリング)	月初	
新患の来院ルートチェック	月初	
狂犬病(はがきの整理、提出)	月末	
ワクチンのはがき確認	月末	
ワクチンの DM 送付	月末	
紹介者へのお礼のはがき送付	月末	
フィルムバッジの返送(新バッジとの交換)	月末	

可能性がありますので、まずは自院の現状を把握するところからはじめてみてください。

(2) 業務内容の確認

図 12-2 は、院内で実施している業務の整理表ですが、これを用いて実際にどんな業務があるのかを確認していきます。さらに、各業務を実施するタイミング(毎週○曜日など)を明確にしていきます。すると、一部のスタッフしか行っていない内容があるなどの状況もみえてきます。また、業務内容を実施するタイミングごとにまとめ直すことで、時系列で業務を確認することができます(**表 12-1**)。

このような表は一度作成をしておくと大変便利です。新たな取組みをはじめる場合には、項目を追加していくだけで良く、すぐに全員が共

【図12-3】業務時間の目安をまとめた表。

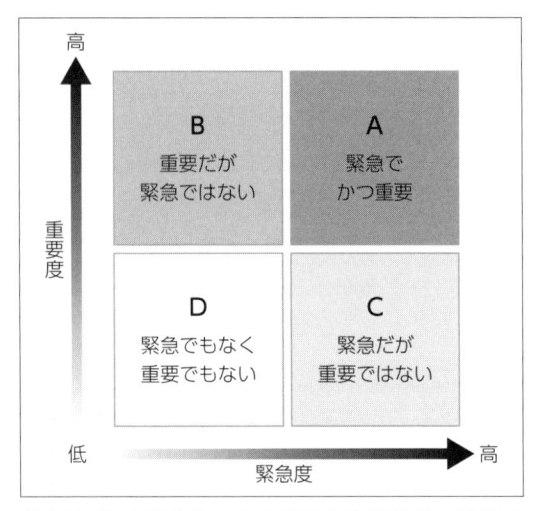

【図12-4】時間の使い方を重要度と緊急度で分類する。

通認識をもてるようになります。フィラリア予防時期などで業務が忙しくなる前に、再確認の意味も込めてぜひ取組んでいただきたいと思います。

(3)業務時間の目安

図12-3は、あるクライアントの動物看護師のリーダーが作った業務時間の目安表です。病院では診療にかかわる業務以外にも、飼い主さん向けのメール配信や待合室のポスター作りなど、様々な業務が増えてきています。経験年数の長いスタッフであれば、各業務を行うタイミングや所要時間など、経験に基づいた判断で取組むことができますが、若手のスタッフはそう簡単にはいきません。ずるずると時間が過ぎてしまうと業務時間は長くなり、残業代がかさんでしまうだけでなく、慣れたスタッフに業務が偏ってしまうことにもなります。このように、時間の目安をもって各業務を行うように指導すれば、スタッフは時間を意識して取組むことができ、自身の物差しにもなっていきます。

(4)業務の優先順位

優先順位のつけ方が上手な人は、多くの高度な業務をこなすことができます。この優先順位を意識するためには、業務内容を重要度と緊急度の視点で分けて考える必要があります（図12-4）。さらに、「他者実行可能度」という、ほかの人でも実行できるかどうかの概念を加えることも重要になります。これは、ほかの人でもできることを、「自分が実施した方が早い」という理由でうまく振り分けることができない人をよく見受けるからです。

表12-2と表12-3は、あるクライアントのリーダー研修で使用した、優先順位のつけ方に関するケーススタディです。これは、ほぼ同時に5つのことが発生した場合に、どのように優先順位をつけるか、というものです。読者の方もぜひ一度考えてみてください。

【表12-2】優先順位のつけ方のケーススタディ、獣医師編。

1. 緊急手術が発生した。執刀する獣医師やスタッフはほかにいる状態である。サポートをお願いされた。 （緊急度：　）（重要度：　）〈優先順位　　番〉 行動イメージ
2. 提出期限が明日である課題提出を忘れていた（この提出がなければ、自分の賞与が減ってしまう）。 （緊急度：　）（重要度：　）〈優先順位　　番〉 行動イメージ
3. クレームが発生した。原因は病院サイドである。しかし、いつもクレームをいうクレーマーである。対応してもらいたいとお願いされた。 （緊急度：　）（重要度：　）〈優先順位　　番〉 行動イメージ
4. 書かなければいけないカルテがたまっている。もうすぐ、診療終了時間である。 （緊急度：　）（重要度：　）〈優先順位　　番〉 行動イメージ
5. 検査結果を待っている。時間が30分ほどかかる検査である。 （緊急度：　）（重要度：　）〈優先順位　　番〉 行動イメージ

【表12-3】優先順位のつけ方のケーススタディ、動物看護師編。

1. 緊急手術が発生した。執刀する獣医師やスタッフはほかにいる状態である。サポートをお願いされた。 （緊急度：　）（重要度：　）〈優先順位　　番〉 行動イメージ
2. 提出期限が明日である課題提出を忘れていた（この提出がなければ、自分の賞与が減ってしまう）。 （緊急度：　）（重要度：　）〈優先順位　　番〉 行動イメージ
3. 保定できる人がいないかと、大きな声で院長が呼んでいる。まわりには、スタッフはいない。 （緊急度：　）（重要度：　）〈優先順位　　番〉 行動イメージ
4. クレームが発生した。原因は病院サイドである。しかし、いつもクレームをいうクレーマーである。対応してもらいたいとお願いされた。 （緊急度：　）（重要度：　）〈優先順位　　番〉 行動イメージ
5. 明日の手術に使う薬の発注を忘れた。今から2時間後までに発注しなければ、明日の手術には間にあわない。 （緊急度：　）（重要度：　）〈優先順位　　番〉 行動イメージ

2. ルールによる意識統一

ルールによりスタッフ間で共通意識をもつことは、効率化のためには非常に大切です。3人以上集まれば組織になるという言葉があるように、3人以上集まれば意識統一は難しくなってきます。実際に、動物病院の多くはスタッフが3人以上集まったチームであるケースがほとんどであり、さらに院長とスタッフとの年齢差が大きくなっている病院も多数あります。そのため、院長の「常識」や「当たり前」がスタッフに浸透しないケースも多くなり、昔ながらの「阿吽の呼吸」というものが生まれにくくなっているようにも感じます。

(1) ルールを落とし込む仕組み

ルールというと「"難しいルール"は覚えにくく忘れやすい」「"簡単なルール"は守りやすく覚えやすい」と思う人は多いと思います。しかしながら、「簡単で小さなルール」の方が、意識から漏れてミスにつながりやすいものです。これは、ルールを覚えるための意識が影響しているためでしょう。「難しいルール」は意識して集中して覚えるため忘れにくく、「簡単なルール」は忘れないだろう、あるいは覚えているだろうという意識が強くなるため、いざと

【図12-5】 薬の箱にタグをつけている例。

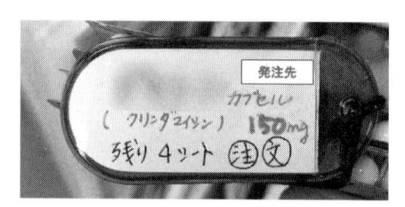

【図12-6】 薬の残数を把握しやすくする仕組み。

いう時に忘れてしまい「うっかりミス」につながってしまいます。

そこで「うっかり」忘れないための工夫が必要になってきます。図12-5は、薬の箱にタグをつけることで、点滴を行った時の精算で忘れやすい事柄を意識づけています。また図12-6のように、残り個数がどのくらいになったら薬を発注するのかを決めている場合にも、箱にタグをつけて目につくようにすることで、小さなルールを落とし込むことができます。ほかにも、「電気を消す」といった当たり前でうっかりと忘れてしまいがちなルールに対しては、例えばチェックリストの仕組みを用意すれば浸透させることができるでしょう。このように、うっかりと忘れやすいルールには、ちょっとした仕組みがあると効果的です。

(2) ケガの防止と再発予防のためのルール作り

業務中に起こるケガ防止を目的にルールを設けておく必要があります。動物病院で働くにあたって、ケガは常にとなりあわせです。特に最近は、猫の健康診断に積極的に取組んでいる病院も増えており、噛まれたり、引っ掻かれたりするケガのリスクも高くなってきています。そこで、ケガ防止のためのルールやポイントを定め、スタッフに意識統一を促すことが大切になります。例えばケガ防止の心得から保定などの実作業に至るまで、指針となる簡単な資料を作成しておくことで、ケガ防止に対する意識を高いレベルで維持することができるでしょう。これは、新人スタッフの教育資料にも活用できます（図12-7）。

また、万が一ケガが発生してしまった時は、その原因を分析し、再発しないための対策を立てることが大切ですが、どうしても「次は気をつけよう」という漠然とした対策に終始しがちです。しかし、そのような時にも図12-7のような資料があれば、各ポイントに照らしあわせて「この項目はできていたか」「何がいけなかったのか」などと客観的に振り返り、対策を検討することができ、さらには院長や上司などからの指導もしやすくなります。簡単なものでも良いので、ぜひ作成してもらいたいと思います。

このように、ルールはチームとして同じ方向を向くために必要なものであり、これを落とし込むためには、明文化し、何度も目に触れ、耳にすることが不可欠です。病院の成熟度によってシンプルにすることも重要です。まずは現在の状況を把握した上で、ルールという指針を作り、粘り強く落とし込んでいただきたいと思います。

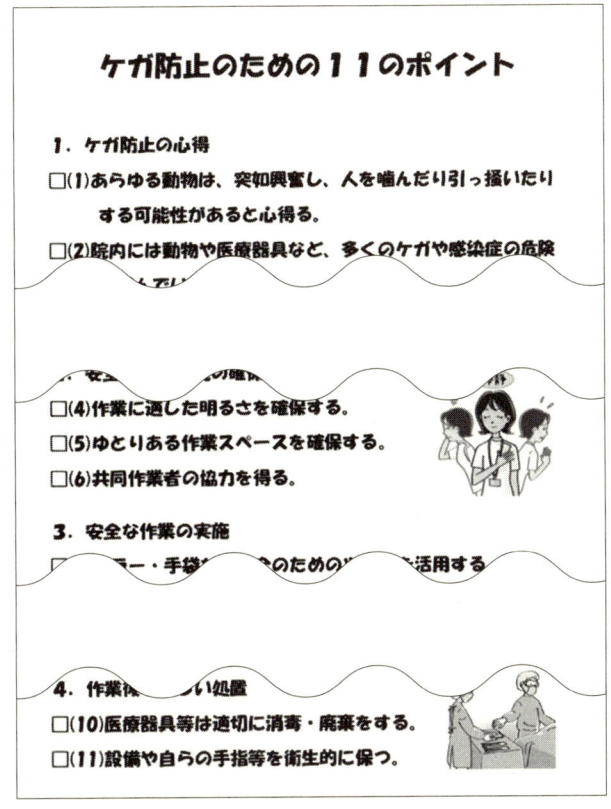

【図12-7】ケガ防止のための資料の例。

3. 平準化対策

スタッフ全員が同じように管理でき、同じように説明できるようにするためには、「平準化」が重要になります。そのためには、共通するものを明文化することが非常に重要で、そこでよく作られるのが「説明用のツール」や「マニュアル」です。これは、蓄積してきた知識である「暗黙知」を、知識を表現する「形式知」に変える作業ともいわれています。

(1)ツールの整備と落とし込み

例えば、飼い主さん向けのツールとしてリーフレットやニュースレターがあり、犬／猫の飼い方、注意すること、予防に関する説明などがあります。このような説明を文字、イラストなどによって書面化したツールを整備することは、基本的な平準化対策として以前から実施されています。しかしながら、このツールをスタッフに共通して落とし込むことができていないケースは多々あり、これはツールをスタッフに落とし込む教育や仕組みができていないためと考えられます。そこでスタッフ間での知識の平準化を図るために、例えば勉強会を実施したり、ツールの作成者を定期的に変更し、もち回りにしたりするなどの対策を取ることができるでしょう。

図12-8は、リーフレット類をPDF形式で取込み、タブレット画面に映しだしているところです。これは多くのリーフレットを準備して

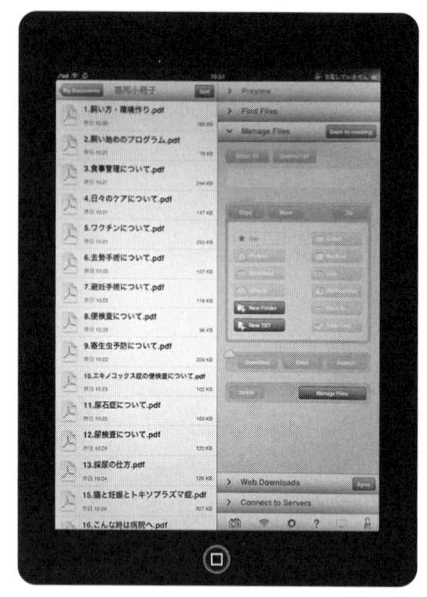

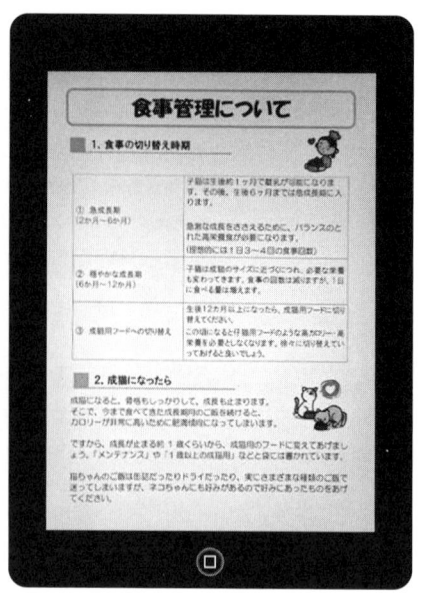

【図12-8】データ化されたリーフレットの例。

いる、あるクライアントが効率化のために実施した仕組みです。多くのリーフレットを毎日補充することは意外と大変で時間がかかる作業であったため、リーフレットをデータ化しiPadで管理、画面で説明することにしました。ここで整理されたデータは、スタッフが共通してみることができ、また体系的に整理されている状態であるため誰でも理解しやすいというメリットがあります。書籍の目次を例にとっても分かりますが、体系的にとらえることで全体を把握しやすくなり、理解が進みます。この例ではさらに、タブレットというツールを用いているため、飼い主さんに「みせる」、そして必要があれば「印刷する」という行為が、スタッフ誰でも実行しやすいものとなっており、業務面としての平準化も図りやすくなっています。

(2)診察におけるチェックシートの導入

次に、皮膚病の新患を例に効率化を目的とした標準化対策を紹介します。皮膚病の場合、問診と説明に時間がかかることがよくあり、特に過去に他院で治療をつづけ転院してきた場合には、より時間がかかることがあります。飼い主さんは、様々な検査や治療を行ってきた経緯があるため、新たに検査を受けることに対して納得できる説明を求めるでしょうし、過去に行った検査の目的を理解していないようであれば、やはり時間がかかるケースが多いのかもしれません。ただしこういった場合には、単に話を聞いて説明を行うだけでなく、飼い主さんのこれまでの行動(検査・治療)を最初に受容してあげることも必要です。

そこでお勧めしたいのが、**図12-9**のようなシートの使用です。これは他院で行ったことのある検査と、自院で行う検査を診察時にチェックし、飼い主さんと一緒に目で確認する目的があります。実際にこのシートを使用しているクライアントでは、診察時間がかなり短くなり、効率化につながっているようです。また、このシートのメリットとして、これまでの治療の大

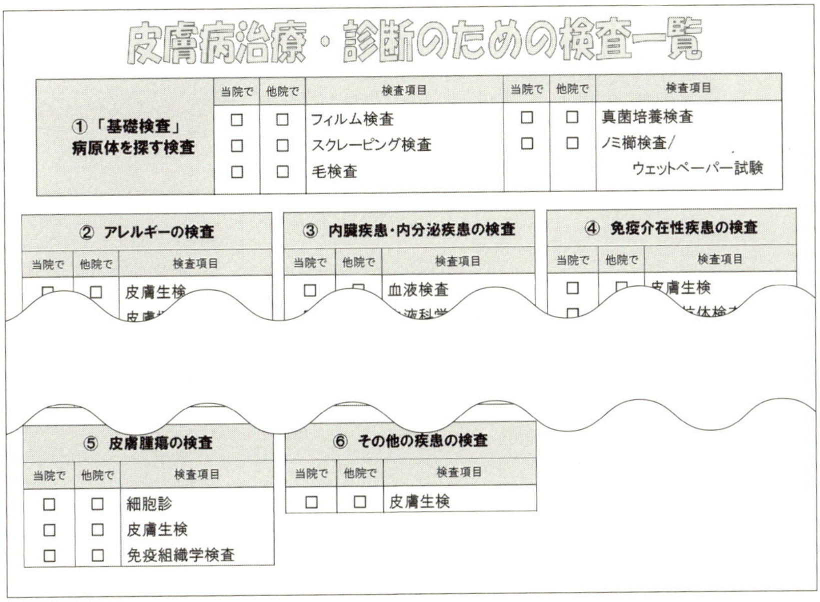

【図12-9】他院で実施した／自院で行う検査を分かりやすく一覧にして問診する。

変さを分かってほしいという飼い主さんの思いを受け取ることもでき、相手を受容することで自院に対する信頼も早期に築くことができると思われます。

4. 電子化のススメ

これまでは、紙をベースに鉛筆やペンで文書を作成することが多かったと思います。もちろん、その行為は重要であり、全く必要がなくなるものではないでしょう。例えば「お悔やみ状」などを飼い主さんに送る場合には、手書きの方が温かみを感じますし、スタッフに向けた「手紙」なども手書きの方が思いは伝わりやすいと思います。

しかし「スピード」を必要とする場合には、電子化した仕組みを使う方が向いているケースが多々あります。電子化すると「伝達スピード」が速く、かつ「蓄積」することが容易になり、「検索」することもできるというメリットも増え、さらには「距離」のデメリットはなくなります。これは今後、非常に重要なポイントとなります。

では、動物病院で最もイメージしやすい電子化ツールは何かというと、「電子カルテ」でしょう。もともと、紙ベースのカルテを電子化しようとする動きは人医療業界で先行して起こっています。入力の手間などがあるため、まだまだ導入に難航している面もありますが、最近では電子カルテを導入している病院同士でネットワークを組み、共有してデータ解析をしていくような動きも人医療業界では徐々に進んでいます。

動物病院は、実は人医療とくらべるとカルテのデータ化をしやすい業界です。それは、カルテが日本語で記載されているからです。実際、電子カルテを導入されている動物病院は多数あり、入力作業を代行してもらうためにパートタイマーを雇用しているクライアントもあれば、獣医師が直接入力しているところもあります。

電子カルテ化が最も進んでいるあるクライアントは、10年以上の歳月をかけてオリジナルの電子カルテをカスタマイズしています。この電子カルテは、経営に対する仕掛けと連動しており、全てが電子カルテで統合される仕組みになっています。

電子カルテの事例以外にも、電子化をすることによって効率化が図れ、それによって生まれた余力時間を質の向上に転嫁できているクライアントは多数あります。次項では、様々な電子化の手法を紹介していきます。

5. 共通化と蓄積

(1)「画像」と「数字」による共通認識

認識の共通化は、口頭による言葉では実現することが難しいものです。例えば「暑い」という意識について考えてみた場合、人それぞれでイメージは変わってきます。その言葉から想像する温度は、ある人は夏になった時点で感じる温度をイメージし、ある人は40度を超える真夏日をイメージするかもしれません。

では、最も認識のずれがなく共通化しやすいものは何かというと、それは「画像」と「数字」です。「百聞は一見にしかず」という言葉があるように、「画像」は目でみることによって"想像"を排除できるため、共通認識を得ることが容易になります。また、「数字」は万人に共通した尺度であり、「数字」を意識することでミスは少なくなると思われます。

これをふまえると、スタッフ向けの業務マニュアルを作成する場合は「画像」と「数字」をしっかりと記入し、どんな人がみても認識のずれがないような内容にすることがコツとなります。ただし、この「画像」と「数字」はその都度あれば良いものではなく、今後につなげるための「蓄積」も考慮しなければなりません。

(2) 業務マニュアルとクレーム内容の作成

例えば業務マニュアルはWordという文書作成のためのソフトで作成しておくと良いでしょう。クレームはExcelという表計算ソフトで管理するなどして蓄積していくことがポイントです。なぜなら、Excelには検索機能が適用でき、入力した文字を拾いだすことができるからです。例えば、フィラリア予防時期に起こったクレームを"フィラリア"という言葉とともにExcelに入力して蓄積しておけば、その後「フィラリア」というキーワードで検索を行うと、それに適したクレーム記録が簡単に抽出できることになります。

(3) 飼い主さんの積極性の記録

飼い主さんに関する情報発信として、診察の際に予防や健康診断など治療以外の提案を行うことがよくあると思います。病院としてはこれら提案を伝えていくべきだとしても、過去に一度も興味を示さなかった飼い主さんからすると、診察の度に同じ提案を受けることで「自分の意思が伝わっていない」と感じてしまうこともあるでしょう。一般的に、カルテには治療内容や治療経過などの内容は記載されていますが、飼い主さんに話した提案内容とそれに対する飼い主さんの反応が記載されていることはあまりありません。対応が院長のみの病院であれば、前回の診察の記憶をさかのぼることもできますが、複数の獣医師で対応している場合には、治療に関すること以外の情報をつかむことは難しくなります。

そこで実施をお勧めしているのが、提案内容に対する飼い主さんの積極性を「数字」で記録しておくシートです（**図12-10**）。カルテに挟ん

カルテ No：　　　　名前：

1：希望しない　2：どちらともいえない　3：希望する

	項目	飼い主さんの積極性												備考	飼い主さんの情報
		年						年							
1	健康診断	4/20	2	6/15	1	/		/		/		/			
2	ノミダニ予防	4/20	1	/		/		/		/		/			
3	定期駆虫	/		/		/		/		/		/			
4	デンタルケア	/		/		/		/		/		/			
5		/		/		/		/		/		/			
6		/		/		/		/		/		/			

【図 12-10】提案内容に対する飼い主さんの積極性を記録するシート。

で使用し、項目に対する飼い主さんの積極性を1〜3の数字で表し、全スタッフで共有できるようにします。提案を行うことも重要ですが、飼い主さんによってそれに対する積極性が異なってきますので、相手の状況を分かった上で話を進めることも重要でしょう。

(4)インフォームド・コンセントにおける仕組みの構築

飼い主さんに対するインフォームド・コンセントにおいても、「画像」と「数字」を明確に伝えることで認識を共通化することが必要といえます。実際に、飼い主さん向けに画像を用いてインフォームド・コンセントを行う仕組みを導入しているクライアントがあります。**図 12-11** はタブレットの画面で飼い主さんに疾患部位をみせている例です。**図 12-12** はシャンプーしている時の様子をみせているもので、これは撮影しておいたものを画面でみせているのではなく、タイムリーに飼い主さんにみせている状態です。

近年、このような方法でインフォームド・コンセントなどを行っているクライアントは増えてきており、実はこれを実施できる仕組みはタブレットツールを含めて10万〜20万円程度の投資で構築できるようになっています。**図 12-13** がその仕組みを説明した模式図です。撮影している画像をWi-Fi機能を備えたメモリーカードでクラウドに保管し、それをタブレッド端末で引きだし、撮影場所から離れている飼い主さんにみせることができる状態になっています。これは、仕組みが分かりやすいということと、自動でクラウドに保存されるためにデータを蓄積する手間がないというメリットもあります。**図 12-14** がWi-Fi機能つきのメモリーカードですが、それほど高額のものではありません。このように、認識の共通化と蓄積を目的とした仕組みの構築は、非常に身近なものになってきています。

6. コミュニケーション対策

(1)ツールの活用

スタッフ間におけるコミュニケーションにおいてもスピードは必要です。時間が経過すると認識にずれが生じやすくなり、また口頭だけによるものでもやはり認識にずれが生じ、不確かな記憶から「いった、いわない」という問題が発生してしまいます。このようなトラブルは、相当なストレスの原因になってきますので、伝

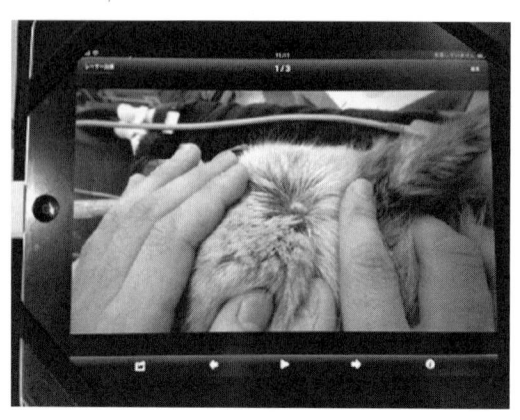

【図12-11】疾患部位を撮影し、飼い主さんにタブレットでみせている。

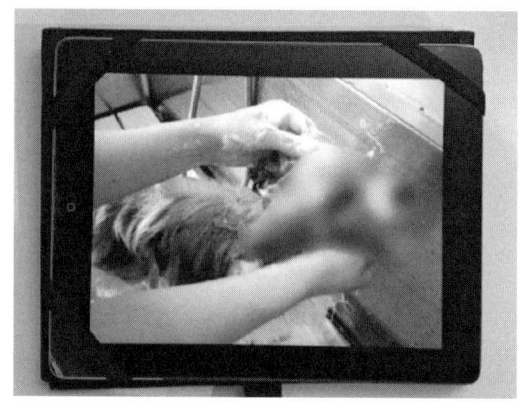

【図12-12】トリミング・シャンプー時の様子を撮影し、飼い主さんにタブレットでみせている。

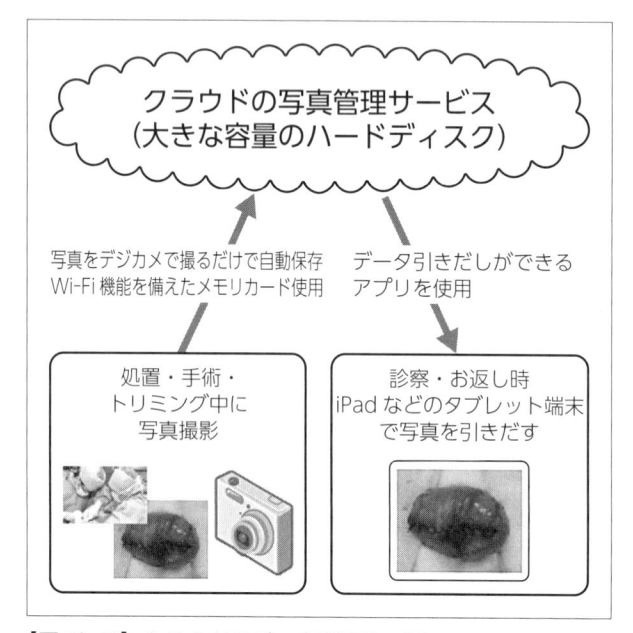

【図12-13】クラウドのデータ管理サービス。

【図12-14】Wi-Fi機能つきのメモリーカード。

達事項をスピーディに発信し、かつ伝達内容が蓄積できる仕組みが有効になります。

最近はスマートフォンも普及し、SNSの1つである「LINE」アプリケーションを使ってスタッフ間のコミュニケーションを図るクライアントも多くなっています。グループトークの設定ができるため、スタッフメンバーでグループを作り、その中で伝達事項を伝えることができます。送信したメッセージが閲覧されると、その下に「既読」マークがつくので、伝達事項をみたかどうかも分かります。ほかには、「Talknote」というシステムを使用しているクライアントもあります（図12-15）。このツールを使って伝達事項や指示事項を発信すると、その情報に対してどのように処理したかということも整理されていきます。全員が再確認するこ

ともできるため、忘れてしまったことも、もう一度確認できます。

このようなツールは、有料あるいは無料で使用できますが、もちろんこれだけに頼るのではなく、一定の回数はミーティングなどのダイレクトコミュニケーションを行った方が良いでしょう。伝達事項の「背景」や「想い」までを伝えるためには、やはり直接のやりとりも不可欠だと感じます。すなわち、ツールを活用した仕組みの構築により、スタッフ間のコミュニケーションの効率化を実現するだけではなく、同時にスタッフをどのようにしてレベルアップさせれば良いのかも考えなければなりません。

図 12-16は動物看護師がインカムを使用している例です。インカムには、診察室にあるマイクから入る呼びだしや指示が聞こえます。これは、「動物看護師が常に診察室にいる必要はないのではないか」という考えから構築された仕組みです。動物看護師が必要な時には、マイクで呼びサポートをしてもらえば十分であり、それまでは別の業務ができます。さらに、インカムで行うのは「診察室に入ってもらう」という最低限の指示だけであるので、診察室内ではダイレクトコミュニケーションが行えます。この仕組みを導入したクライアントは、動物看護師が少ない状況でも業務に最低限必要な人数で効率よく構成し、その分受付には専任スタッフを採用してサービスレベルの向上を図っています。

(2) ミーティング方法の見直し

多様性が必要な時流において、スタッフから多くの意見をだしてもらい、その意見を整理して実践していくことは非常に重要です。そのために、付箋を使用したミーティングを実践しているクライアントは多くあります。これは、ミーティング前に1人5つのアイディアを付箋に記載し(付箋1枚につきアイディア1つ)、ミーティングでだしあってグループ分けしていくという手法です(**図 12-17**)。忙しい動物病院では長時間のミーティングを行うことが難しいケースが多々あり、また事前準備をする時間がないためにミーティング時に意見がでないということもよく聞きますので、事前に付箋にアイディアを記載する方法は大変有効のようです。

例えば、「クレームをなくすにはどうすれば良いか」というテーマで考えてみます。各スタッフから5つのアイディアを付箋でだしてもらい、同じような内容の付箋は集めてグループ化していきます。そして、その中で具体的に挙がった内容を実行に向けて検討し、具体的なものがなければ掘り下げて考えていきます。この方法なら、短時間のミーティングでも多くの意見を引きだし実現していくことができます。

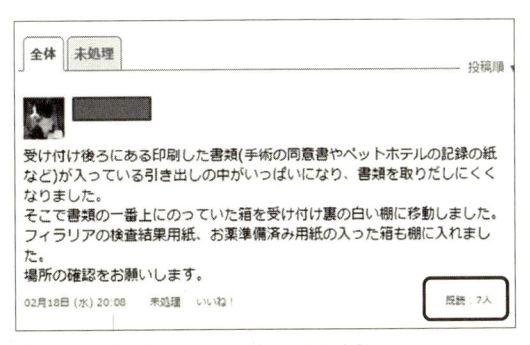

【図 12-15】「Talknote」の画面例。

(3) カイゼンの仕組み作り

オペレーションにおける「カイゼン(改善)」という言葉を聞いたことがあるでしょうか。いわゆる「現場」がある仕事には、必ず「作業」が発生し、その「作業」のムリ・ムラ・ムダを取除くことで業務が効率化できたり、より安全に作業ができたり、コストカットできたりするというのが、カイゼンの考え方です。おもに製

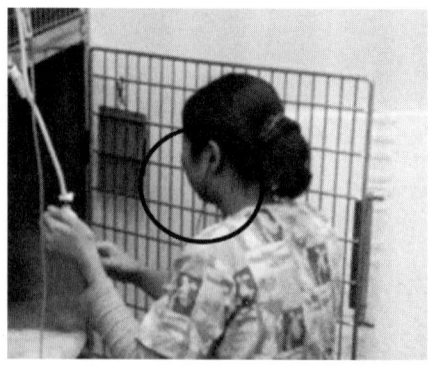

【図12-16】診察室に置かれたマイク（左）と、インカム装着例（右）。

【図12-17】付箋を使用し、ミーティングを効率良く行う。

造業の生産現場で行われている作業の見直し活動のことを指しており、トヨタなどで行われているカイゼンは特に有名です。そしてこのカイゼンは、動物病院においても簡単に応用することができます。

日々、現場で仕事をしているスタッフたちには、「ここをこうしたらもっと効率が良いのになあ」「ここをこうしたらもっと安全なのになあ」と感じる瞬間が必ずあるはずです。もちろん、院長自身にもそのような瞬間があると思います。その小さな「気づき」があった時、それを形にすることはできているでしょうか。よほど意識の高いスタッフであれば、院長に進言す

ることもあるかもしれませんが、通常、自らの「気づき」を行動に移すことは、なかなか難しいものです。せっかく思いついた良いアイディアも、放置すればいつしか忘れてしまいます。

そこで「提案票」を用いたカイゼンの仕組み作りをご紹介したいと思います（図12-18）。この「提案票」のフォーマットはあくまで1例ですが、①問題点・困っていること、②原因、③対策、④効果の4つの段階に分けて記入します。この意義は、「①問題点・困っていること」を顕在化（みえる化）することにあります。日々業務に取組んでいると、非効率な作業や、やらなくても済むような作業を知らないうちに習慣

```
                    提案票

 提出    年  月  日    氏名_____

 提案件名_____

 実施状況（どちらかに「○」）  実施済み・アイディア
 改善目的（該当するもの全てに「○」）
 ①業務の効率化  ②経費節減  ③売上向上  ④ケガ防止
 ⑤サービス向上  ⑥正確性向上  ⑦知識・技能向上  ⑧その他

 提案内容
 ┌─────────────┬─────────────┐
 │①問題点・困っていること│③対策         │
 │             │             │
 │             │             │
 │             │             │
 ├─────────────┼─────────────┤
 │②原因          │④効果         │
 │             │             │
 │             │             │
 │             │             │
 └─────────────┴─────────────┘
```

【図12-18】「提案票」フォーマットの例。

的に実施していることがあります。そこにスタッフ自身が目を向け、「こうしたらもっと手間を省けるのではないか」「こうしたらもっと安全にできるのではないか」と考えることで、強い組織作りにつながります。

「提案票」はスタッフルームなどに設置しておき、どんな小さなことでも良いので「気づき」があった場合にこれを記入して提出するというルールを設けます。ルールや運用のアレンジは院長次第ですので、月ごとに提出する枚数を決めたり、1枚提出するごとにいくらかの報酬をだしたり、月ごとに優秀提案を表彰したりするなど、その可能性は無限大です。

図12-19は記入例ですが、これは診察室が複数ある病院であるために器具や備品がよく紛失していたことが問題でした。そこで「診察室1」「診察室2」といったラベルテープを器具に貼りつけたところ、紛失することがなくなったという事例です。

「提案票」を用いたカイゼンの仕組み作りにおいて、院長のスタンスとして大切なのは、どんな些細な提案も絶対に否定しないことです。「そんなつまらない提案は、提出しないでほしい」あるいは「そんなの提案票に書くレベルではないよ」などといったことを一度いわれてしまうと、スタッフは萎縮し、今後アイディアが

```
記入例          提案票

提出　2013年10月●●日　　　氏名　●●　●●

提案件名　器具・備品類の紛失防止

実施状況（どちらかに「○」）　(実施済み)　アイディア

改善目的（該当するもの全てに「○」）

(①業務の効率化) ②経費節減 ③売上向上 ④ケガ防止

⑤サービス向上 ⑥正確性向上 ⑦知識・技能向上 ⑧その他

提案内容

| ①問題点・困っていること | ③対策 |
| --- | --- |
| 各診察室の器具類や備品が行方不明になったり、ほかの診察室にあったりすることがある。探すのに時間がかかり、業務にムダが生じている。 | 各器具や備品に「診察室1」などと、設置箇所が分かるようにテプラを貼り付けた。 |
| ②原因 | ④効果 |
| 器具や備品が、本来どこの診療室のものかが分からない。 | 器具や備品が行方不明になったり、ほかの診察室に誤って設置されることがなくなった。捜索にかかっていたムダな時間をなくすことができた。 |
```

【図 12-19】「提案票」の記入例。

浮かんでも提案はしなくなるでしょう。カイゼンの目的は2つあり、1つはもちろんカイゼンそのものにより効率化や経費節減を図ることですが、もう1つの大きな目的は、職場全体に「何かできることはないか」「ムリ・ムラ・ムダはないか」と考える風土を作ることです。

この提案制度を開始してみると、実際はちょっとした提案がほとんどであり、目からウロコが落ちるような提案はそうないかもしれません。しかし、それで別に構わないのです。スタッフ全員が職場に関心をもち、少しでも働きやすくしようという当事者意識をもって考えるスタンスを目指してほしいと思います。

経営コラム

時間配分と意識

時間配分は単純なようで難しいことだと思いますが、時間をコントロールすることが業績にとって非常に重要だと感じます。あるクライアントは、今まで診療に時間を取られていた状況から、様々な変化により経営に費やす時間を確保できるようになりました。その結果、業績は好転し良い状態になりました。このような結果をもたらすには仕掛けなどもありますが、1番の要因は時間配分と意識だと思います。

ミーティングにおける3つの問題

ミーティングに時間がかかっていると感じる問題には、いくつかのパターンがあり、大きく分類すると以下が考えられます。
① 優先順位の問題
② 役割の問題
③ 形の問題

① 優先順位の問題には、ミーティング自体の重要性が分かっていない、当日に話される議題の優先順位が決まっていないなど、準備段階での問題があります。

② 役割の問題には、ミーティング中に電話が鳴ったり郵便物が届いたりすると皆が動いて進行が止まる、議事録の配布やまとめ役などの役割が決まっておらず当日に慌てるなど、進行段階での問題があります。

③ 形の問題には、配布資料のフォーム、議事録のフォーム、ミーティングのスタイル（一方的に院長が話すのか、皆で話しあうのかなど）など、分かりやすさの問題があります。

ミーティングがスムーズに進まない時は、いずれかの問題を解決する必要があるでしょう。

同意書

動物病院における法律トラブルは少なくありません。手術などで麻酔処置をする際に、飼い主さんに同意書を書いてもらっているところも多いと思いますが、ある弁護士の調査によると、多くの病院の同意書が「この手術で何かあっても何も請求しません」という旨の非常にざっくりとした内容であるとのことです。これでは、いざという時にリスクをきちんと説明していたということの証明とすることは難しく、結果的に損害賠償や慰謝料請求に応えざるを得ないケースも多いようです。

そのため、複写式の同意書にその処置のリスクを詳細に記し、病院と飼い主さん双方が保管することで、よりしっかりと説明責任を果たす形にするなど、リスク管理の工夫をすることが重要です。

当事者意識

当事者意識とは分かりやすくいうと、「自分が病院の一員だという意識」「自分の発言や行動の1つ1つ全てが病院の信用や売上につながるという意識」「自分の給料や賞与は、自分の働き次第で上がりも下がりもするのだという意識」というところでしょうか。

スタッフに当事者意識がなかったら、ど

んなことが起きるか想像してみましょう。
・来院数が増えることを嫌がったり、担当外の患者を診ることを拒む
・病院の機械や備品を粗末に扱う
・変化を嫌い、病院の取組み全てにネガティブになる
・業績が変わらないのに昇給を求める
・賞与は当たり前にもらえるものだと思っている

などなど……。「うちにもそんなスタッフがいる！」と思われた院長も多いことでしょう。

そもそも経営者と労働者では、マインドが異なって当たり前ですので、全てのスタッフの当事者意識を院長レベルまで高めることは困難です。しかし、多くのクライアントをみてきていますが、病院の規模にかかわらず、各々のスタッフがいかに当事者意識をもっているかが、病院の業績に非常に大きくかかわっているように感じます。

当事者意識をもってもらうには、まず病院の現状を伝え、少しでも院長に近い視点をもたせることが大切です。スタッフに売上や来院数など病院の現状について、しっかりと伝え、「ともに悩む」ことからはじめてみてはいかがでしょうか。

PART 4
未来志向の対策

PART 4　未来志向の対策

第13章

個から社会へ

Point！
1. 自院がどのような方向性を目指すのか、経営方針次第で先1、2年の状況は変わってくる。
2. 人件費の構成ボリュームである「労働分配率」を一定に保つ癖をつけ、最終的な利益の有無を把握できるようにする。
3. 他病院は競合ではなく仲間でもあるという視点をもち、強い味方にする。
4. 動物病院業界のライフサイクルが衰退期に入ってきている今、何を意識すべきか。

1. 利益ベース経営とキャッシュフロー経営

　今までの時代は、「売上至上主義」の企業も多数ありましたが、2011年の東日本大震災を経験したことで、「拡大」志向であった企業も「骨太」の経営体質作りへと変化しています。最近は、大手企業も買収や株主還元などで資金を使用している傾向にありますが、震災以前は「内部留保」する企業がほとんどでした。

(1)「昨年対比売上高」と「1人あたりの生産性」の指標

　これからの経営を考える上で重要なのは、「昨年対比売上高」と「1人あたりの生産性」という同じ方向性を示す2つの指標であり、これはまた相反するものでもあります。例えば、売上が一定範囲を超えるのであれば、さらに売上高を伸ばすために新たな人材を採用することも1つの対策になります。これは「1人あたりの生産性」には限界があるためです。特に獣医師の生産性は収益に直結するため、獣医師の採用は重要な要素となります。ただし、急激な売上の上昇がないため、結果として採用前よりも「1人あたりの生産性」が落ちることもあります。また「1人あたりの生産性」を優先すると売上は下がる場合があります。これは人材が減少することで売上が減少する可能性があるということを意味しています。しかし、人件費も減少することから利益が残るパターンもあります。

　また昨今、「昨年対比売上高」にこだわる経営を見直す動きもあります。キャッシュフローを考えると、「1人あたりの生産性」にこだわった方が経営的に安定するという考え方からです。これは、院長の考え方と連動していくものであり、どちらの考えが正解ということではありません。「ほかの院長」「ほかの動物病院」と比較するのではなく、「自分たちがどのような方向性を目指すか」ということを真剣に考え、当面の方向性を決めることが重要でしょう。経営方針としてどちらを取るかによって、先1年間、2年間の状況が変わってきます。

【表13-1】賞与原資の試算表の例。

①	売上予測(2014年)	13,200万	賞与原資	290万 (②−④)
②	人件費率(30%)	3,960万	副院長	230万 ←年棒制
③	支払済み給与		残	60万
	獣医師a、b、c合計	2,220万	追加賞与原資	120万
	スタッフd	500万	修正賞与原資	180万
	e	550万		
	f	100万		
	g	300万		
④	支払済み給与合計	3,670万		

(2) 利益ベース経営

近年の時代背景や方向性から、筆者は「利益ベース経営」を推奨しています。経費や変動費などの流出部分をしっかりと把握している動物病院は意外に少ない印象です。利益のでる体質の動物病院では決算間近になり慌てて機器を購入するなどの節税対策を取る傾向が強くみられます。逆に、売上が減少している動物病院は、気づいた時には営業利益がマイナスになっているケースもあります。これは、経営体が永続するために最低限必要な考えである「適正な利益を確保する」ということを意識から外してしまっているからです。

筆者が多くのクライアントにお話しすることですが、売上や売上総利益における人件費の構成ボリューム、すなわち「労働分配率」を一定に保つ(一定の目安にする)癖をつけることは、今後、非常に重要になります。今まで「何となく給与を支払い、結果利益が残る」という考え方でやってきていたとしても、これでは最後まで利益がでるのかどうかを把握できないという事態が生じます。

表13-1は、賞与を支払う上であるクライアントと協議したものです。この病院は総売上に対する人件費率を30％で設定しており、その中からすでに支払った給与金額を引くと賞与原資は290万円でした。副院長に支払う賞与金額は決まっていたため、その金額を差し引いていくと残りは60万円しか残りません。しかしそれでは少ないということで調整し、賞与原資を120万円追加したという試算表です。このように「労働分配率」から考えていくと一定のルールが明確になり、経費などが非常にコントロールしやすくなります。

売上から原価を差し引いた「売上総利益」、そしてここから固定費などの経費を差し引いた「営業利益」を適正に確保することができれば、売上の減少はそれほど怖いものではありません。売上を上げるために不必要に人件費が高くなり、利益がでにくい体質になっている動物病院もありますので、時代の変化に伴った経営をしっかりと意識してもらいたいと思います。

(3) キャッシュフローの改善

キャッシュフローを改善することは非常に重要になってきています。固定資産の増加とキャッシュの増加は違いますが、この部分をあまりよく認識されていない院長も多い印象を受けます。実際に、税金を支払う時期になって、通帳のキャッシュがなくなり慌てるという事象

も多いと感じます。これに対しては、節税による内部留保なども考えに挙げられますが、運転資金の借り入れを起こすことも無駄ではないと思います。

動物病院は、ライフサイクルでみると衰退期に入った業界です。経営の高度化を今まで以上に進め、柔軟に対応することが必要な時代になってきているでしょう。

2.「和力」の推進

1人の力ではなく、仲間との共同作業などからでてくる力は非常に強いものです。自院においても他院と協力することによって、1つの動物病院でできること以上のことが可能になります。

最もイメージしやすいのは共同で行う勉強会です。仲間と集まって開く勉強会が昔から地域などで存在し、ノウハウや知識の吸収に役立ってきたように、共同の取組みは大きな力を生みだします。そのほかにも、仲間同士で資金をだしあい、CTなどの高度かつ高価な機器を導入するクライアントや、一緒に手術に入り技術修得に努める獣医師もいます。

(1)「数」の確保

「和力」を用いた手法で基本となるのは「数」の確保です。自院だけでは確保できない数のデータが集まれば、その結果の信憑性は増し、さらに説得力も増します。**図13-1**は、単独の病院で収集したデータから、健康診断でみつかった異常値について解説したポスターです。一方、**図13-2**の内容は、クライアントの有志の方々がデータをだしあい合同で分析した結果です。これは勉強会の会員から集められたデータを用いて分析したもので、5,000以上というサンプル数から得られた異常値の結果は85％となっています。このように、表現としての説得力は後者の方が十分にあるということがお分かりいただけると思います。

また、スタッフの給与などについてもクライアントの有志で情報をだしあい、その資料から目安をつけるということも実施しています(**表13-2**)。100人以上の有志者から集められた情報は、非常に有効なものになります。価格についても同様に、項目ごとに情報をだしあい、それを自院での価格設定の参考にすることができます。そのほか、原価の低減を目的に共同仕入れを実施しているクライアントもあります。さらに**図13-3**のように、ホームページでリンクを貼りあうことで、検索上位表示の対策に有効であるケースもあるようです。

このように、他院と協力しあうことで非常に有効になることは多々あるということがお分かりいただけると思います。「自分だけが良ければ良い」という考えを捨てることも重要かもしれません。今後、動物病院の二極化はさらにつづくと考えられ、その時に相互に助けあうことができれば、非常に強い味方になるでしょう。近隣の動物病院は競合かもしれませんが、仲間であるという視点も重要だと思います。

(2)院外スペシャリストとの連携

最も馴染みのある「和力」として、院外スペシャリストとの連携があります。あるクライアントは、鍼灸や漢方に造詣の深い先生に毎週決まった曜日に病院に来てもらい、予約制でその治療を実施しています(**図13-4**)。飼い主さんの評判も非常に良いとのことです。

また別のクライアントは、管理栄養士の資格をもつ方を定期的に病院に招き、院内スタッフ向けに食事療法に関するレクチャーを行ってい

第13章 個から社会へ

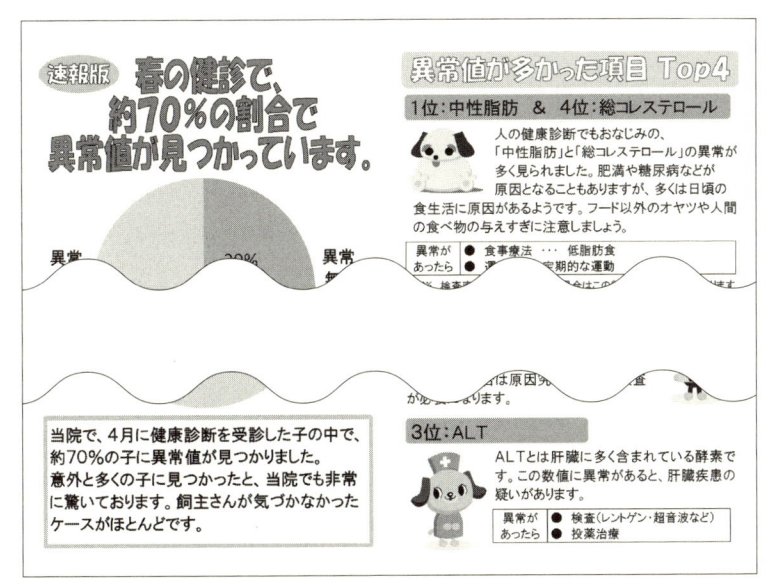

【図13-1】単独の病院で収集したデータがもとになっているポスター。

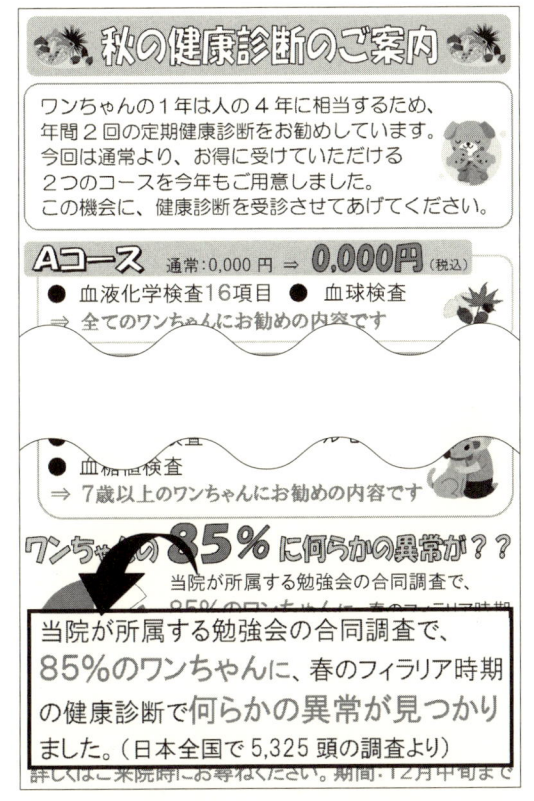

【図13-2】合同でデータをだしあい分析したデータがもとになっているポスター。

【表13-2】当社クライアント有志によりスタッフの給与について情報をまとめた資料の一部。

勤務年数	匿名	金額	備考
3年目	D	160,000～180,000	週休2日（有給含め年間125日）
3年目	K	155,000	＋トリミング歩合1.5～2万円、賞与年2カ月 トリミングの中心メンバーとして活躍
3年目	M	170,000	賞与年2カ月弱 リーダー看護師（トリミングもできる）としての能力がかなり高い
3年目	T	182,000	賞与年1.5カ月、副動物看護師
3年目	Y	220,000	基本給165,000＋手当55,000、賞与年2カ月
3年目	G	236,000	
3年目	I	80,800	時短就業で通常の6割勤務、賞与年3カ月
4年目	J	146,000	賞与年2.5カ月、動物看護師（外来）
4年目	E	170,000	賞与年2カ月、中堅
4年目	W	170,000	賞与年2カ月、主任動物看護師として活躍
4年目	H	180,000	＋サブリーダー手当 一般外来診察補助、オペのモニター管理ができる
4年目	U	185,000	動物看護師
4年目	T	219,000	賞与年1.5カ月、動物看護師長
4年目	A	時給：880	アルバイト
5年目	J	160,000	職務手当て月1万円含む、賞与年2.5カ月 動物看護師責任者（入院）
5年目	E	180,000	賞与年2カ月、中堅

【図13-3】リンクを貼りあうことは検索上位表示対策にも有効である。

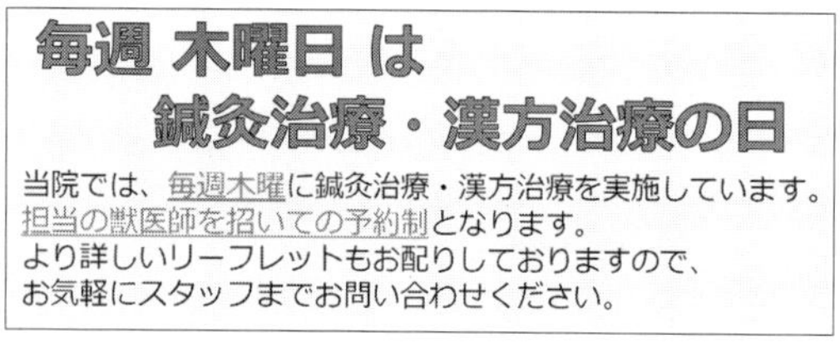

【図13-4】鍼灸や漢方治療の告知掲示の例。

ます。さらに、予約制で飼い主さん向けのカウンセリングも実施しているとのことです。

いずれも、スペシャリストを院内で養成しようとすると、時間・労力ばかりでなくお金もかかるものです。協力してくれる方が外部にいれば、それをうまく告知することで飼い主さんにメリットを提供でき、かつ病院の価値も向上させることができます。出張手術などでは日常的に行われていることですが、そのほかの分野においても外部スペシャリストと協力することができないか、模索してみる価値があるかもしれません。

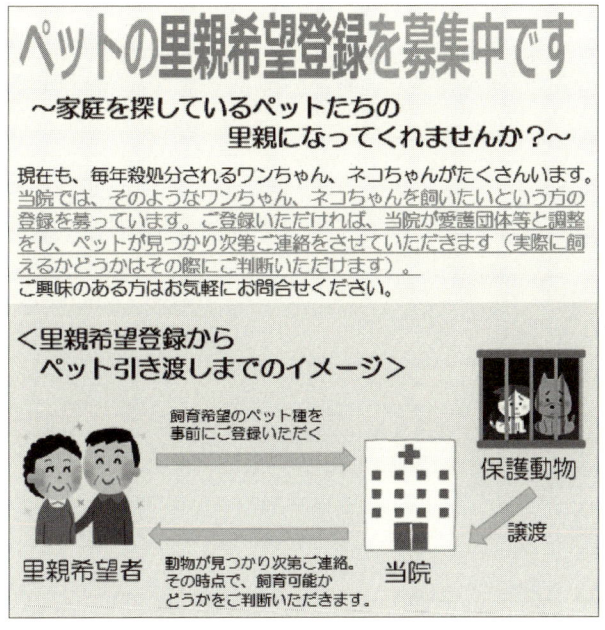

【図13-5】里親募集に関するポスター。

3. 社会性、倫理性からの経営志向

　動物病院は、地域に対して社会性の強い業種であると思います。動物の命を預かる尊い職業であり、この特性はどのような時代においてもなくなることはないでしょう。そのため、地域の職業体験として学生を受け入れたり、学校を訪問して動物のことを話したりする機会も多々あります。このような活動は、結果として自分たちの経営に返ってくるものです。例えば、病院の周辺をいつも掃除している姿があると、その地域からの評判は良く、来院につながっているケースもあります。地域の方向けに院内で勉強会などを開催し、様々な情報を提供している動物病院は非常に多いですが、これも大切な活動だと思われます。そのほかにも、殺処分されるかもしれない命を救う活動として里親募集を行っているクライアントもあります（**図13-5**）。中には、高齢のペットを飼われている飼い主さんに対し、そのペットが亡くなる前に別のペットの里親になってもらう活動も徐々にはじまっています。

　最近あるクライアントがトライアルではじめていることに、ペットのホームステイがあります（**図13-6**）。飼い主さんが高齢者の場合、自分の年齢を考えてペットを飼うことを諦めている方が多くいらっしゃいます。特に、そのような方を対象に一定金額でペットを預け、飼い主さんが飼えなくなった時に病院が引き取るという仕組みです。まだ始動の段階ですが、申し込みもあることからニーズはあることがうかがえます。今後、このような取組みも経営との相乗効果で必要になってくるのではないかと思います。

　また、昨今はセクシュアル・マイノリティに対する関心が高まっています。渋谷区における同性愛者の権利の保護は有名だと思います。**図13-7**は、LGBT（レズ、ゲイ、バイセクシャ

PART 4　未来志向の対策

【図 13-6】ペットのホームステイに関するポスター。

【図 13-7】セクシュアル・マイノリティのシンボルカラー（虹色）を活用して作ったシール。※実物はカラー

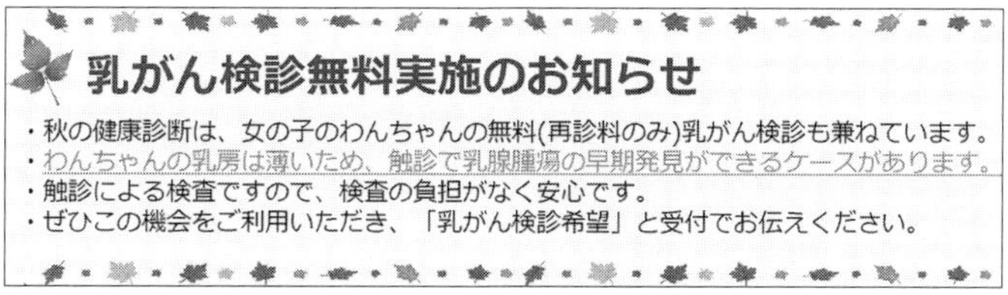

> **乳がん検診無料実施のお知らせ**
> ・秋の健康診断は、女の子のわんちゃんの無料(再診料のみ)乳がん検診も兼ねています。
> ・わんちゃんの乳房は薄いため、触診で乳腺腫瘍の早期発見ができるケースがあります。
> ・触診による検査ですので、検査の負担がなく安心です。
> ・ぜひこの機会をご利用いただき、「乳がん検診希望」と受付でお伝えください。

【図 13-8】 乳がん検診についての告知掲示例。

ル、トランスジェンダー)ともいわれる、いわゆるセクシュアル・マイノリティの人たちのマーケットの記事から、シンボルカラーである虹色を活用したものです。即効性があるわけではありませんが、やはり飼い主さんの中にはLGBTの方も一定数いると予測できますので、このようなシールを作成し封筒や待合室などに貼っているクライアントもあります。

そのほか、10月というと乳がん検診の受診を推進する「ピンクリボン運動」が展開される時期ですが、クライアントの中には、これを機会ととらえてペットのための乳がん検診を実施しているところもあります(図13-8)。動物の場合は、触診によりしこりを容易にみつけることができるため、価格は無料にして広く受診を呼びかけることを目的にしています。特に、秋の健康診断を希望される際に「乳がん検診が無料なので受けておきましょう」と勧めると、「ではお願いします」といわれるケースがとても多いようです。しこりがみつかれば、もちろん精密検査や治療につながり、何よりペットの乳がんに対する飼い主さんの関心や理解を促進する取組みとして、タイムリーな情報発信になっていると思います。

第14章

未来への視座

1. グローバルな視点

　最近は、海外からの来訪客が増加し日本の経済を支えています。また、安い人件費を求めて海外へ工場などが進出した後、サービス業も需要を求めて海外へ進出しています。公用語が英語である大手企業も実在し、5年前とくらべてグローバル化が加速していると感じます。外国人の居住や創業を安易にするため、ビザの発行や外国人が日本で創業する際の条件などが緩和されてきていることも事実です。このように、この先もグローバル化は当然避けて通れない要因になっていくでしょう。

　動物病院業界に目を向けてみると、最近は「猫ちゃんにやさしい環境」を提供する病院になることを目指し国際的な猫学会の認定を取得するクライアントも増加しています。今後、「権威」は日本だけでなく、海外までを視野に入れて考えていくことが大切になるでしょう。

　また、クライアントの中には仲間との共同出資により、アジアに動物病院を建設している方もいます。実は当社でも、共同で出資・運営する動物病院が2015年4月に香港でオープンしました（**図14-1**）。香港での1病院あたりの犬頭数の試算では、何と日本の3倍以上あるという結果になっています。ほかの途上国においても、人口の伸びやインフレ、所得増加などにより、今後さらに動物病院のニーズは高まっていくと感じています。海外進出にあたっては、様々な規制や慣習などが影響して難しい側面もありますが、海外での展開は1つの突破口になるかもしれません。

　また、人材確保の上でも外国人のスタッフを雇用しようと考えて行動しているクライアントもいらっしゃいます。実際に外国人を雇用しているクライアントは、「外国人スタッフはよく働く」とおっしゃっていました。グローバル化を意識すると、様々な可能性がイメージできますので、ぜひ広い視野をもっていただきたいと思います。

2. 近未来予測のススメ

　日々の診療に追われると、目先のことに注力するあまり将来のことを意識できていないことが多いでしょう。日々の診療に一生懸命に取組まれている院長からすれば、これは当然かもしれません。しかしながら、自分たちの視点や視野が及ばないところで社会や世界は常に動きつづけ、変化が起きています。実際、他業界で先

行して起きていることが巡り巡って今、動物病院業界でも起きています。

産業のライフサイクルには、導入期、成長期、成熟期、衰退期の４つの段階がありますが、現在、動物病院業界は最終段階である衰退期に入ってきていることは疑いようがない事実です。つまり、衰退期にある他業界で起こっていることを意識していくことが非常に重要になります。例えば、アパレル業界は昔からある業種であり、産業としては衰退期に入っています。では、全てのアパレル企業の業績が悪いかというとそうではありません。これはユニクロの例ですが、この会社は、はじめフリースという１商品を数多く販売して企業規模を拡大しました。フリースがブーム終焉を迎えると、販売数も売上も減少しましたが、その後、ヒートテックという商品で売上を回復させました。このように新しい商品を導入することで、新しいライフサイクルを作ったわけです。そしてGUなどの業態を開発し、さらに低価格商品を導入していくことで今までの顧客と違った顧客層を開拓、またファッション性を高めることによりブランドイメージを向上させました。さらに新しいライフサイクルを創造するために、アジアなど様々な国に店舗を展開しています。

このような新しいライフサイクルを作る取組みを繰り返し、成長していることをモデルにできるかどうかが重要だと考えています。大きな時流に対して１つの業界、さらに１病院ではなかなか太刀打ちできません。大きな時流を冷静

【図 14-1】当社が共同出資・運営する香港の動物病院。

かつ謙虚に、客観的にとらえ、それに適応することが「近未来」で成長するためには重要です。過去にとらわれすぎず、過去の成功体験に縛られず、いつまでも近未来をみつめて行動していくことが動物病院経営にとっても、獣医療の成長という意味でも重要だと考えています。変化することをおそれず、自分たち自身を高めていくことで必ず成長はできます。その先には成功があります。ぜひ動物病院という業種に誇りをもち、素直に、謙虚に成長していただきたいと願っています。

経営コラム

決断力

　AとBのどちらかを選択する場合、Aが良いと認識した上で決めることは判断であり、比較的容易でしょう。しかし、AとBに優劣がつきにくい場合、選択することは非常に難しくなります。これを思いきって選択する力が決断力です。優秀な経営者は、この決断力が非常に優れていると感じます。決断力があると、比例して推進力も増していくものですので、ぜひ決断力を磨く努力も忘れないでいただきたいと思います。

iPhoneを医療の研究に

　2015年3月、米アップル社は、iPhoneを医療分野の研究に活用する「ResearchKit」というソフトウエアフレームワークを発表しました。簡単にいうと、iPhoneやApple Watchなどのモバイル端末を使って、毎日または毎週、患者に調査を行い、情報収集するというイメージです。今までは、特定の病気の情報を得ようとすると、患者が病院に来ないといけませんし、心臓が悪い患者にはポータブルの心電図を使って1日の心臓の動きを記録する必要などがありました。

　もちろん、iPhone単体ではごく限られた調査しか行えないとは思いますが、患者は特定の装置をつけるわけでもないので、気軽に研究に参加しやすく、集められるデータの数は多くなると予想されます。

　また、この「ResearchKit」の取組みが進めば様々な病気の調査方法も確立されるようになり、いずれは病院に行かなくても自宅で検査を行い、そのデータを病院に送るだけで健康状態が分かるような世の中になるかもしれません。

自宅で検査が行える時代

　KDDIは2015年夏から、「スマホdeドック」という自宅で健康チェックが行えるサービスの提供を開始すると発表しました。サービス流れとしては、
①専用の検査キットを使って血液を微量採取する
②専用の検査センターに郵送する
③1週間後に結果がでて、スマートフォンやパソコンを使ってウェブ上で結果を確認できる

といった内容で、日常的に自宅で検査を行い、あらゆる病気が分かる時代になってくる第一段階だと思います。もしかすると数年以内には、病院で受けた時と同じ程度の検査結果が自宅で得られる時代になっているのかもしれません。

付録

動物病院
×
経営用語
20選

AISAS（アイサス）

▶ Keyword　サーチとシェア
　　　　　　インターネット　SNS

Attention（注意）→ Interest（関心）→ Search（検索）→ Action（購買）→ Share（情報共有）という消費者購買行動プロセスのこと。

Point　従来の消費者購買行動プロセスと違い、インターネットやSNSなどのツールを加味した行動プロセスである。

解説

　従来の消費者購買行動プロセスは、AIDMA（アイドマ）[Attention（注意）→ Interest（関心）→ Desire（欲求）→ Memory（記憶）→ Action（行動）]の法則といわれていたが、これはインターネットやSNSがなかった時代に確立された理論であった。しかし最近の時流では、インターネットで情報を検索し、評価を仲間（SNSでの仲間も含む）で共有するという流れになっている。コマーシャルなども、シェアを意識し拡散しやすい内容を検討しているケースもある。
　動物病院においても、インターネットで動物病院を探したり、評判をSNSで共有するケースが増えてきた。この時流を加味した飼い主さんの行動を知ることが1つの打開策になるかもしれない。2つのS、サーチとシェアを考え、ホームページ作成やイベントなどの二次派生まで意識していきたい。

アクセス解析

▶ Keyword　ホームページ分析　効率良いホームページの作成とリニューアル

ホームページのアクセス数やアクセス経路などを分析すること。

Point　代表ソフトに、Googleが無料で提供するウェブページのアクセス解析サービス「Googleアナリティクス」がある。

解説

　近年まではホームページを作成している動物病院が少なかったため、ホームページを開設し、自分たちの病院がどのような病院であるかを明示するだけでも、来院する飼い主さんは多かった。しかし、同じようなホームページを作成する動物病院が増えている現在では、POMR（問題指向型診療記録）の考え方のように分析し仮説をたて、対策を考えることがホームページにおいても重要になりつつある。そこでアクセス解析を導入することで、「アクセス数がどのくらいあるか？」という分析はもちろん、「何人のアクセスがあるのか？」「どのページがよくみられているのか？」というような詳細な分析ができるようになる。活用例として、「よくみられているページ」に自分たちが最もアピールしたいことを掲載することで、アピール力を高めることができる。また「あまりみられていないページ」が分かれば、そのページをリニューアルしたり、「よくみられているページ」からうまく案内するという対処も可能になる。

アンチエイジング

▶ Keyword　延命　若々しさ　東洋医学
　　　　　　40歳代以上の飼い主さん

解釈によって「長生き」と「若々しい」という2つのとらえ方がある。

Point　加齢による身体の機能的な衰え(老化)を可能な限り小さくすること。

解説

　アンチエイジングという言葉は、昨今よく耳にする。これは、とらえ方によって「長生きする」という延命の要素と、「年齢より若々しくいる」という活力の要素がある。延命の要素では、定期的な健康診断なども含まれてくるであろう。ただ、一般的には「若々しく元気でいる」という要素のイメージが強いかもしれない。人間のアンチエイジングにおいては、化粧品や酸素吸入などの皮膚や若々しさに関係することに用いられるケースが多い。

　動物医療においても、様々な施術や技能が人間の医療などから転用されてきている。動物と人間が一緒に入ることができる酸素カプセル、オゾン療法や東洋医学などの様々な知識や技能、療法などを導入する動物病院がでてきている。これらは、アンチエイジングとイメージが連動しやすく、新しい切り口として提案しているクライアントも見受けられる。

　飼い主さん自身の年齢層も40歳代以上が多くなっており、自分自身がアンチエイジングを意識している傾向が高いため、動物のアンチエイジングに関しても比較的に抵抗なく受け入れやすいと思われる。アンチエイジングは、高齢化に対応する1つの切り口になるかもしれない。

会員制度

▶ Keyword　つながり　病院のコンセプト
　　　　　　特別な位置づけ

飼い主さんの中で希望者を病院の会員とし、一般の飼い主さんとは別に組織化する制度。

Point　会員に入会するメリットが何かによって、入会率が変わる。また、有料か無料か、入会する手間などによっても入会率が変わるため、「どのような制度にするか」というコンセプトが重要になる。

解説

　つながりをもつ上で、病院がネットワークを築くことは非常に有効だと考える。そのため、「会員」という飼い主さんの中での特別な位置づけを作る「会員制度」は有効になると考える。以前は、いくつかの予防メニュー(ワクチン、健康診断、フィラリア予防薬など)をまとめた会員メニューを作り、それを割引して一括で入金してもらう「予防パッケージ会員」が多かった。しかし、最近では一括で現金を支払うことができない方が増えていることや、高齢化により予防対象の犬・猫が減少しているという背景から、上記のような会員は減少傾向にある。

　したがって、低価格もしくは無料の会員制度にして、予防メニューの割引だけではなく、ポイントがつくだけの会員や携帯電話へ情報が発信されるだけの携帯電話会員といったように、会員制度のコンセプトは変化してきている。どのような会員制度でも、病院が「つながり」を作る結節点になるということは、非常に価値があることだと感じられる。

共創

▶ Keyword　共に創る　対スタッフ
　　　　　　対飼い主さん　対動物病院

「共」に「創る」という当社の造語。「きょうそう」という言葉は「競争」ではなく「共創」であるという示唆。

[Point]　昨今は「競争」の概念のみでは経営は成り立たない。競争することは間違いではないが、消耗していくデメリットも含んだ言葉である。動物病院の場合、「競争」ではスタッフのモチベーションが下がることが多々ある。共に創ることから経営力をアップさせる。

[解説]
　「共創」の対象は、①スタッフ、②飼い主さん、③同業種である動物病院という3つの方向性がある。①のスタッフは最もイメージしやすい対象である。スタッフのアイディアを吸い上げ、それを実施していくことが最も実現性の高い「共創」活動になる。②の飼い主さんとの共創は、アンケート活用がイメージしやすいかもしれない。飼い主さんからのアンケート結果をもとに病院作りをしていくことも「共創」である。また、飼い主さん参加型の企画なども「共創」である。さらに、③の同業種の動物病院同士で「共創」できるようになると様々なメリットがでてくる。共同仕入れによるコスト低下や、情報の共有とそこから得られる分析データによる飼い主さんの信頼感の確保などは、単独の病院で実現できる以上にメリットが大きい。独りよがりの経営は、限界がみえてきている。ぜひ、共創の概念を意識していきたいものである。

事業承継

▶ Keyword　売り手と買い手の納得
　　　　　　カルテ　株式譲渡

廃業することなく、事業を次の世代に引き継いでいくこと。

[Point]　売り手と買い手の双方で納得できる妥協点を探っていく。この妥協点が折りあうかどうかが、事業承継のポイントである。

[解説]
　院長の高齢化や獣医大学の難易度向上による子弟の入学率の影響で、今まで運営していた動物病院を第三者に承継するケースが増えている。開業志向が低下している上、開業者もリスク回避のために既存の動物病院を承継するという意識が高まっている。しかしながら昨今では、売り手と買い手の意識のずれが生じてきている。

　今までは、業界独自の事業承継価格があり売上を基準に検討されてきた。しかし、他業界での事業承継価格との相違が大きく、これが買い手側に徐々に広がっているように感じる。この一般的な事業承継価格は、従来までの価格を下回るケースが多く、売り手が納得しないケースが発生してきている。また、カルテを財産として提示する売り手と、カルテの動物たちの高齢化などから価値を感じない買い手も増加していると感じる。

　いずれにしても、廃業や事業承継は院長の年齢構成から今後加速すると考えられる。株式譲渡や経営権と所有権の分離など、様々な切り口から事業承継を考えていく必要性を感じる。税理士のアドバイスなどをふまえた妥当な事業承継がスタンダードになると感じている。

ジョブローテーション

▶Keyword　仕事のもち回り　マンネリ化　経験曲線効果

複数の業務をもち回りで請け負うこと。

Point　多面的な業務の習得になるため、人員数が少ない状況でも業務が遂行できる。ただし、特化した専門性の確保が難しい。

解説

　特化した業務に人を配置し業務を分散させるか、多岐にわたる業務を1人に請け負わせるかは難しい選択になる。受付専門スタッフを雇用し、受付のみの業務を請け負わせるという病院もあれば、動物看護師と受付を兼務させる動物病院もある。兼務させる病院の場合、一定期間で仕事のもち回りを変え、様々な仕事を経験させることでマンネリ化も防ぐことができる。

　この仕組みをジョブローテーションといい、様々な業務を1人でこなすことができれば少ない人数でも業務を遂行することができ、かつ、欠員がでた場合でも、業務を補完しやすいというメリットがある。しかしながら、多くの業務を習得することは簡単ではなく、経験によるノウハウからの「経験曲線効果」を得ることは難しくなる。また、採用する人材においても、専門性を求める場合とは選択基準が変わる可能性がある。多岐の内容をこなすということは、様々なことに目を配れるような人材の方が向いているケースがある。1つのことに集中する性格だと、専門性は高まるが多くの仕事をこなすことは難しいことが多い。

製品ライフサイクル理論

▶Keyword　転換点　導入期・成長期・成熟期・衰退期　需要と供給の関係

産業や製品の一生を人間の一生(思春期・青年期・壮年期・老年期)になぞらえて説明する理論。

Point　人間のライフサイクルと同様に、産業や製品にも一生があるという考えのもと、導入期・成長期・成熟期・衰退期という4つの段階に分割する。ピークの点を「転換点」と表現する。

解説

　下図の曲線は、人間が生まれてきてから死ぬまでの気力や体力のライフサイクルをイメージしたものである。生まれてから気力・体力が充実し、転換点のピークから衰えを感じ、死に至るようなイメージである。これに産業や製品の一生をあてはめると、転換点は「需要≒供給」の点であり、この転換点までは需要の方が供給を上回っている。動物病院で考えるとペットの数が病院の数より多く、1病院あたりのペット数が十分に確保できる状況である。転換点以降、供給が需要を上回ると、競争が発生していく。私見ではあるが、2015年は様々な要因から動物病院業界が衰退期に入ったと感じている。

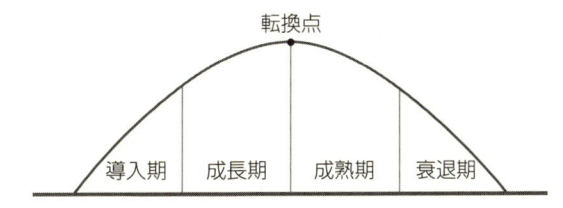

転換点

| 導入期 | 成長期 | 成熟期 | 衰退期 |

損益分岐点売上高

▶ Keyword　固定費　変動費　損と得
　　　　　　利益ベース

コストを回収できる売上高。固定費を回収できる売上高。

[Point]　損益分岐点売上高＝固定費÷｛1－（変動費÷売上高）｝

[解説]

　固定費である人件費や家賃などを回収できる売上高である。これは、固定費を分子にし、売上から変動費率を引いた率で算出される。よくある間違いに変動費を固定費と同様にみてしまうことがある。変動費とは売上と比例して増加・減少するコストである。これは、動物病院の場合、薬代金やフード代金などで構成される。自院の損益分岐点売上高を知らない院長は多い。しかしながら、利益ベース経営に移行している昨今では、損益分岐点売上高を把握することがスタートになる。損益分岐点売上高を下げるためには、固定費の圧縮、変動費の低減なども求められる。ムリ・ムダ・ムラといわれる非効率な現象からコストが上がっているケースも多々ある。

　また、固定費の構成要素の中で最も大きな比率を占める要素が人件費である。この人件費をしっかりと把握し、適正に移行していくことも損益分岐点売上高の低下に対しては重要な要素になる。損益分岐点売上高を超えて利益をだすことが、まず第一段階の目標になる。さらに、この会計上の利益から蓄積されていく剰余金と実際のキャッシュをみていくことが第二段階になる。税金などの解説は税理士の分野なので割愛するが、帳簿上の売上や利益と違いキャッシュが減少していたという動物病院も実際にある。数字管理が苦手という方は、一度、第三者に相談してみてはいかがだろうか。

電子カルテ

▶ Keyword　パッケージ化　カスタマイズ
　　　　　　入力　診療面・効率化面・経営面

紙で作成されているカルテを電子化し、共通化・共用化するシステム。

[Point]　電子カルテを導入する際に、入力をどうするかという課題がでてくる。パッケージ化された電子カルテシステムと、自院で開発する電子カルテを構築するパターンがある。

[解説]

　電子カルテシステムを活用しているクライアントはまだ少ないと感じる。その理由の1つには導入コストがある。パッケージ化された電子カルテを導入する場合は、カスタマイズすると非常にコストが上がることがある。また、自院で電子カルテを構築する場合、自院にあう機能を付加していくとコストはもちろん、時間が必要になってくる。しかしながら、電子カルテを導入しているクライアントは、診療面・効率化面・経営面に非常に幅広く活用できているという感想をもたれている。人医療の電子カルテとくらべ、動物病院の場合はカルテに書かれている文字が日本語であるため、実は入力の手間は少ない。紙のカルテをパートタイマーが電子カルテに入力する、あるいは獣医師が直接入力しているケースもある。電子カルテ導入を戦略的に実施しているクライアントは、患者データと症例、また経営面へも有機的に結びつけている。イニシャルコスト（導入費用）は活用によって回収できると考えられる。

トリミングサロン

▶ Keyword　サービスと収益　高齢犬　トリミングの方向性

動物の美容室。動物に対してカットやシャンプーなどを行う。

Point　動物病院にトリミングサロンを併設する場合、その位置づけは開業年度や状況により変化する。

解説

　動物病院において、トリミングサロンを併設することを検討される院長は多いが、これはメリットにもデメリットにもなると感じている。開業初期はトリミングを集患要素としてとらえている病院も多く、これはトリミングサロンが少なかった時代によく検討された集患手法であった。トリミングから派生し、病院に定着させるという動物病院の経営モデルがあったことも事実である。その流れからトリミング部門を継続させている動物病院も多い。しかし、採算があわないという現象も一方では存在し、人件費すら確保できないケースがトリミング部門では顕著になってきている。この現象をどのようにとらえるかで、方向性は変わってくる。

　通常、事業は人件費の3倍の粗利益を稼がなければいけないといわれている。様々なコストを吸収し利益を確保するためには、その程度の粗利益が目安になる。サービス機能としてとらえてトリミングを維持していくか、トリミング単独での収益部門としてとらえていくかが方向性を決める視点として重要になる。ただ、高齢犬がほかのトリミングサロンから動物病院併設のトリミングサロンに流れるケースなどもでてきている。今後、様々な視点からトリミングをとらえていく必要性を感じる。

2：6：2の法則

▶ Keyword　パレートの法則　リーダー　ステップ

組織論で用いられる用語。優秀な人材が2割、普通の人材が6割、優秀でない人材が2割。

Point　どのような状況でも、この比率は変わらない不変の原理。

解説

　80：20の法則という言葉がある。これは、2割のお客様が売上の8割を生みだしているといったパレートの法則と呼ばれるものである。この2：6：2の法則は、パレートの法則からの派生だといわれている。おもに、2：6：2の法則は組織の人材構成において用いられ、組織の中は優秀な人材が2割、普通の人材が6割、優秀でない人材が2割の構成になるといわれている。優秀でない人材を2割削減しても、やはり2割、6割、2割の構成になるというものである。

　優秀な人材を求める人は、優秀でない2割に目がいき、ストレスを抱えるケースがある。経験上、診療にも携わる院長の場合は上位2割の人材を伸ばすことが重要となり、それ以外の人材への教育はできないケースも多い。なぜなら、コミュニケーションや教育に割ける時間がないからである。第一段階ではこの上位2割を伸ばし、リーダー的な存在を作ることが重要で、リーダーがでてくれば6割の普通の人材と2割の優秀でない人材を育てることができるようになる。

　このステップを意識せず、全員同じように教育しようとすることで、組織作りに失敗しているケースをよくみかける。同じように教育し、優秀でない2割も引き上げられるようになるには時間が必要であり、マネジメントスキルの向上が必須になる。他業界でも実現できている企業はあまり見受けられない印象である。

猫の待合室

▶ Keyword　パーティション　別導線　スペースの圧縮

猫専門の待合室。猫とエキゾチック動物をまとめる場合もある。

[Point]　猫がおびえないような配慮から生まれた待合室を別に設ける手法で、様々なパターンがある。

[解説]

　犬の来院が減少し、それを猫で補完するという時流から猫の待合室を作るケースは多いが、本来はおびえる猫が来院しやすいように考えた配慮である。猫の待合室で最も簡易的に実施されているのが、パーティションによる仕切りである。従来の待合室を犬と分けたケースで、数年前から実施しているクライアントも多い。また、階段下などのデッドスペースをパーティションで囲い、入口のある本格的な分離型猫待合室を作っているクライアントもある。来院する猫の飼い主さんには好評であり、良いイメージをもたれているケースも多々ある。しかしながら、既存の猫の飼い主さんにとってサービスとしての評価は高いが、新規の猫の飼い主さんの来院を促すようなインパクトは少ない。

　そこで、最近は入口と待合室だけでなく、診察室も分離させるケースが増えてきた。ある病院は従来のトリミングスペースを圧縮し、リニューアル工事により猫の診療室兼待合室を作った。導線が犬と別になることで「犬と会わない」で受診できるようになり、猫の飼い主さんに対しての情報発信力も強化できる。猫専門の病院や分院が最もインパクトはあるが、現実的に開院できないクライアントも多い。できる範囲で猫のためのスペースを作ってみてはいかがだろうか。

ハインリッヒの法則

▶ Keyword　安全管理　ヒヤリハット　高齢化

1つの重大事故の背後には29の軽微な事故があり、その背景には300の異常が存在するというもの。

[Point]　労働災害における対策として用いられる法則。

[解説]

　安全管理の指標として参考にされている法則である。これは、ハーバート・ウィリアム・ハインリッヒという人物が、5,000件の労働災害を統計的に分析し導きだした法則である。1つの重大な事故の前には29の軽微な事故があり、さらにその背景には300ものちょっとした異常が発生していたというものである。この法則を転用し、医療業界も医療事故の防止に役立てている。300のちょっとした異常を把握するために「ヒヤリ」「ハット」した事柄が発生する度に蓄積させていくのである。この取組みによって医療事故が減少したという事例もある。

　この事例をもとに、いくつかの動物病院でも取組みを導入している。ヒヤリハットした事柄をカードに記載し、ボックスにためていくことで小さな事象を把握したり、できる限りデータ化し検索しやすいようにシステム化したりする例もある。今後、動物の高齢化に伴って治療や手術などの難易度がさらに高くなることが予想され、医療事故の可能性も高まるかもしれない。医療の安全確保のためにも重要な法則だと認識してもらいたい。

評価システム

▶ Keyword　価値観の多様化　到達度チェック
　　　　　　病院が目指すべきもの

「病院が求めるもの」に対する「スタッフの成長や能力」を院長や経営陣が判断し、到達度を示す。その後、各人の到達度から昇格・昇給に反映するシステム。

Point　自院が求めるスタッフ像をイメージすることからはじめることが必要。個々人の欠点是正をするのではなく、病院の方向性にスタッフを導いていくシステムだと認識する。

解説

　最近、動物病院でもスタッフ個々の価値観や判断軸が多様化していると感じることが多くなった。これは、「ゆとり教育世代」の入社も影響していると感じる。ただ、病院としても「病院の方向性」や「スタッフに求めること」を明確にしていないケースも多々存在する。「こんな方向に向かいたい」「こんな病院になりたい」ということを整理し、具体的な指針を立て評価項目を作ることをお勧めする。例えば、「飼い主さんに寄り添うような診療を目指したい」と院長が考えるなら、スタッフには「話すことだけを重視せず、しっかりと飼い主さんの話すことを、"聞き""理解し"、その上で飼い主さんが納得できる"説明"をする」という評価項目が提示されることになる。

　この到達度からコミュニケーションで指導するケースもあるが、点数や ABC 評価などのランク分けなどを実施し、給与や賞与、役職に反映するシステムまで構築しているクライアントも徐々に増加している。

ホスピタリティ

▶ Keyword　「想って」「成す」
　　　　　　相手の視点

ホスピタリティは「おもてなし」と訳されることが多い。

Point　ホスピタリティという言葉は、医療業界でもなじみ深いが、概念が確立されていないため、浸透するために時間がかかる。

解説

　ホスピタリティという言葉は、以前から様々な業界で使われてきた。最も有名な企業はやはりディズニーリゾートであると感じる。相手のことを「想って」自分自身で「成す」ということを「おもてなし」の説明としている接遇コンサルタントもいる。多くの人の接遇第一段階は、「自分だったら、どうだろう？」という基準である。しかし、前提として他人は自分と同じ価値観をもっているということから、この第一段階ははじまる。昨今の価値観の多様化からすると、この第一段階でとどまると「おもてなし」からほど遠い内容になるケースもある。

　そこで、相手の立場などを「想像」するイメージ力が必要になってくる。イメージ力をつけ、行動できることこそ「おもてなし」になると感じる。世界的にみても、日本のホスピタリティは非常に高いと考えられている。

メディアミックス

▶Keyword　メディアの複合　広告規制　効果測定

様々な広告宣伝媒体であるメディアを有機的に結びつけること。

Point　様々なメディアを複合させるため、1つのメディアでの効果測定は難しくなる。

解説

　様々なメディアがあふれている昨今、消費者も1つの媒体に頼ることなく様々なメディアをもとに購買行動を決定している。動物病院においても、飼い主さんは様々な媒体を活用するようになってきた。15年前は、動物病院を探す手立ては口コミや電柱看板程度しかなかったため、チラシをまくことによって新規の来院を促すことができた。

　最近は、動物病院を探す手段は多岐にわたり、特にホームページの存在は大きくなってきている。広告規制が適用されない媒体であるホームページを軸にして、名前を知ってもらう媒体を多岐に整備するケースも増えている。飼い主さんは転院によって失敗したくないと思う気持ちが強いため、どのような病院かを事前に調べる行動が目立ってきた。口コミが派生しやすいポケットティッシュやカード、病院名が入ったエコバッグ、ポスティングなどによる紙媒体の配布、そしてホームページやSNSというIT関連の媒体、さらにTVメディアなど、多岐にわたるメディアを複合させ、広告宣伝効果を高めていく時代になってきたと感じている。

メンター制度

▶Keyword　相談役　こころの病気　メンターの人選

メンターとは、直属の上司など指示命令系統の上司とは別の相談役。メンターとはもともと「助言者」という意味。

Point　メンターは、評価などに影響を与えない人物を抜擢する必要がある。助言や相談を警戒される人物では、この制度は成立しない。

解説

　指示や命令をダイレクトに受ける直属の上司には、利害関係や心情から、本音を話せないものである。そのため、直属の役職とは別に「相談役」として年の近い先輩などが「メンター」となり、悩みなどを相談される役回りを担う。昨今のスタッフは、悩みを抱え込み、打開策をみつけられないまま自分を追い詰めていくパターンが増加している。これは、一般企業においてもあてはまる。こころの病気を患う人は、自分の中で消化できないことが多すぎるケースが多々ある。まして、動物病院は自分の感情を押し殺す「感情労働」といわれる業種であり、この労働は最もストレスが強いといわれている。ストレスを緩和させるための1つの手段として、メンターという制度を導入している病院も増加しているが、メンターになり得る人材を教育することも課題である。

有期雇用契約

▶Keyword　有期　試用期間　契約の更新　労働基準法

一定期間の中で雇用する契約。

Point　期間終了時に、更新契約を結ぶことが必要になる。

解説

　従来は、期間の定めのない契約の中で試用期間を設けるケースが多々あった。これは、日本での雇用契約の慣習であり終身雇用前提での契約形態であった。しかし、昨今、試用期間内に適正が著しく疑問視されるようなスタッフも増えてきている。試用期間とは、この期間内で雇用を終了しても問題ないと解釈されているが、現実には様々な問題やトラブルが発生している。

　そこでまず、採用段階では試用期間を終身雇用で設けるのではなく、一定期間の有期雇用契約を結ぶケースが増えている。一定期間の中で適正を見極め、そして雇用を継続するか、雇用を継続するにしても期間を延長するのか、あるいは期間の定めのない契約にするのかを決めていく、という流れが最近は多くなってきている。これは、雇い主である院長が試用期間の効用を疑問視するケースから発展している。労働基準法の改正など、様々な要因がこの問題には影響するため、今後も、政府の対策や法律の改正などから様々な解決策を検討していく必要がある。

ワークライフバランス

▶Keyword　仕事　人生　経済性　政府方針

「働く」ことと「生活」することのバランス。この2つを分けて考える思考。

Point　人生における「仕事」と「生活」の位置づけが、人によって異なってきている。院長が考える仕事観と、スタッフが考える仕事観の相違が発生してきている。

解説

　最近、様々な業界で仕事と生活を分離して人生を考えている人が増加している。昔の高度経済成長時は、仕事を頑張ればその分人生も豊かになると考えられてきた。また、会社が一生涯社員の面倒をみてくれると考えることが一般的であった。しかしながら、昨今の経済情勢から上記のような現象はなくなり、仕事と生活を分離しないとバランスを取れないと感じる人が増えてきている。

　ところが、多くのトップの観点は病院経営に向かうため、ワークライフという概念を理解できないことも多々ある。このトップとスタッフとのワークライフに対するギャップをいかに埋めていくかが必要になってきている。ただし、残業代ゼロ法案など、社会では労働者のワークライフバランスと企業の経済性を検討するような法律改正も起こってきている。国際競争力をつける上で、今後どのような展開になるかがワークライフバランスの実現において大きなポイントになると感じる。

■著者プロフィール

藤原慎一郎（ふじわら　しんいちろう）

1971年兵庫県生まれ。関西学院大学卒業後、大手商社、大手コンサルティング会社を経て、2011年「株式会社サスティナコンサルティング」を設立、代表取締役に就任。永続する動物病院経営、共生による動物病院の可能性の拡大を目的に「現場型の実践的なコンサルティング」を行うほか、勉強会や講演活動なども積極的に展開している。著書に『動物病院経営実践マニュアル―経営の質を高め、永続する動物病院を目指す』『動物病院チームマネジメント術―実践例に基づくスタッフ力アップのための11の方法』（ともに緑書房／チクサン出版社）、『最新・動物病院経営指針』（分担執筆、緑書房／チクサン出版社）、『小説で読む　動物病院サバイバル時代の経営術』（インターズー）、『Q＆A解説「絆」が求められる時代の動物病院マネジメント』（分担執筆、インターズー）などがある。

［連絡先］
ホームページ：http://f-snc.com/　　メール：info@f-snc.com　　TEL：03-3405-0232

未来志向の動物病院経営学

2015年10月10日　第1刷発行

著　者	藤原慎一郎
発行者	森田　猛
発行所	株式会社 緑書房 〒103-0004 東京都中央区東日本橋2丁目8番3号 TEL 03-6833-0560 http://www.pet-honpo.com
編　集	花崎麻衣子
カバーデザイン	メルシング
印刷・製本	アイワード

Ⓒ Shinichiro Fujiwara
ISBN 978-4-89531-244-8　Printed in Japan
落丁・乱丁本は弊社送料負担にてお取り替えいたします。

本書の複写にかかる複製、上映、譲渡、公衆送信（送信可能化を含む）の各権利は株式会社緑書房が管理の委託を受けています。
JCOPY 〈（一社）出版者著作権管理機構　委託出版物〉

本書を無断で複写複製（電子化を含む）することは、著作権法上での例外を除き、禁じられています。本書を複写される場合は、そのつど事前に、（一社）出版者著作権管理機構（電話 03-3513-6969、FAX03-3513-6979、e-mail：info@jcopy.or.jp）の許諾を得てください。また本書を代行業者等の第三者に依頼してスキャンやデジタル化することは、たとえ個人や家庭内の利用であっても一切認められておりません。